KB178960

보어가 들려주는 원자 모형 이야기

보어가 들려주는 원자 모형 이야기

ⓒ 곽영직, 2010

초 판 1쇄 발행일 | 2005년 7월 29일
개정판 1쇄 발행일 | 2010년 9월 1일
개정판 15쇄 발행일 | 2021년 5월 28일

지은이 | 곽영직
펴낸이 | 정은영
펴낸곳 | (주)자음과모음

출판등록 | 2001년 11월 28일 제2001-000259호
주   소 | 04047 서울시 마포구 양화로6길 49
전   화 | 편집부 (02)324-2347, 경영지원부 (02)325-6047
팩   스 | 편집부 (02)324-2348, 경영지원부 (02)2648-1311
e-mail | jamoteen@jamobook.com

ISBN 978-89-544-2033-4 (44400)

보어가 들려주는

원자 모형
이야기

| 곽영직 지음 |

|주|자음과모음

보어를 꿈꾸는 청소년을 위한
'원자 모형' 이야기

우리는 원자보다 작은 세계를 볼 수 없습니다. 그러나 우리는 그 세계를 마치 우리 눈으로 본 것처럼 자세히 알고 있습니다. 그것은 우리 눈으로 직접 볼 수 없는 작은 세계에서 일어나는 일들을 알아내려는 과학자들의 끊임없는 노력 덕분입니다.

과학자들은 이렇게 작은 세계에 대하여 연구할 때는 모형을 이용합니다. 분자나 원자의 성질에 관한 여러 가지 실험을 하고 그러한 실험 결과를 설명할 수 있는 원자 모형을 만드는 것입니다.

이렇게 만들어진 모형은 원자에 관한 여러 가지 성질을 설명하거나 예측하는 데 이용됩니다. 그러나 원자 모형으로 설명할 수 없는 새로운 사실이 밝혀지면 이를 설명할 수 있는 새로운 원자 모형이 만들어지게 됩니다.

여러 가지 원자 모형이 등장했다가 사라진 것은 이 때문이었습니다. 여러 가지 원자 모형이 등장하고 사라지는 가운데 가장 중요한 역할을 했던 사람은 덴마크의 물리학자 닐스 보어였습니다.

보어는 그 자신이 제안했던 원자 모형뿐만 아니라 현재 우리가 받아들이고 있는 양자 역학적 원자 모형과도 깊은 관계가 있는 과학자입니다. 따라서 역사상 등장했던 원자 모형의 발전 과정을 보어의 일생과 비교해 가면서 이해하는 것은 원자 모형과 원자에 대한 이해의 변천 과정을 가장 잘 이해할 수 있는 방법이라고 생각했습니다.

이 책을 통해서 원자 모형뿐만 아니라 현대 과학의 가장 중요한 축을 이루고 있는 양자 물리학과도 조금 더 가까워지는 계기가 되었으면 하는 마음을 가지고 이 책을 썼습니다.

곽 영 직

차례

1

물질과 원자

지금껏 100여 개의 원자가 발견되기까지 어떤 탐구들이 있었는지
고대 그리스로 거슬러 올라가 봅시다.

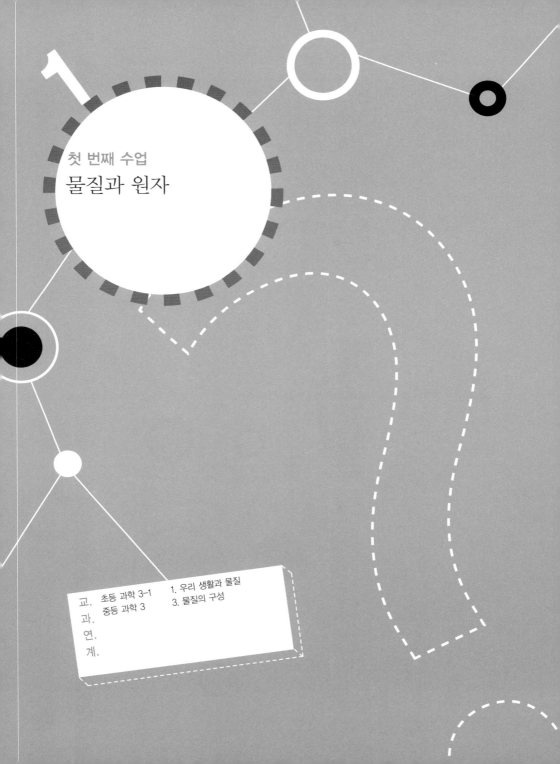

1

첫 번째 수업

물질과 원자

보어가 학생들에게
간단한 자기 소개를 하며
첫 번째 수업을 시작했다.

물리학자 보어

여러분 안녕하세요? 나는 덴마크의 과학자 닐스 보어예요.
닐스는 이름이고 보어는 성이지요. 그래서 사람들은 나를 보
어 선생이라고 부른답니다. 이름이 멋있다고요? 그런 이야기
를 많이 들었어요. 하지만 나를 직접 만나 본 사람들은 나더
러 잘생겼다고 칭찬하기에 바빠서 이름이 멋있다는 이야기
는 할 사이가 없어요. 나를 잘 아는 친구들은 잘생겼다는 칭
찬도 잘 안 해요. 인간성 좋고 마음씨 곱다는 칭찬하느라고

바쁘기 때문이지요. 하지만 내가 가르친 학생들은 어땠는지 알아요? 내가 해 주는 원자 이야기가 재미있다는 이야기를 하느라고 다른 이야기는 할 시간이 없었다니까요.

자랑이 좀 심했나요? 100년 전 내가 살던 시절에는 이렇게 자랑하는 것이 최고의 유머였어요. 지금은 이렇게 자랑하는 사람을 보면 '밥맛'이라고 한다면서요? 하지만 100년 전 원자 이야기를 이해하려면 그 시대의 유머도 알아야 할 것 같아 농담 한번 해 본 거예요. 그렇다고 해서 내가 실제로는 멋있는 사람이 아니라는 것은 절대 아니에요. 우리 부모님은 나를 세상에서 가장 멋있는 사람이라고 늘 이야기했다니까요.

앞으로 이야기하게 될 원자 모형은 대부분 나와 관련이 있는 사람들이 만든 것이에요. 톰슨(Joseph Thomson, 1856~1940)은 내가 프린스턴에서 연구할 때 지도를 해 주셨던 선생님이고, 러더퍼드(Ernest Rutherford, 1871~1937)는 톰슨 선생님의 제자로 나오는 맨체스터 대학에서 연구를 같이 한 동료지요. 그리고 양자 물리학을 완성시키는 데 크게 공헌하여 양자 역학적 원자 모형을 탄생시킨 하이젠베르크(Werner Heisenberg, 1901~1976)는 코펜하겐에 있던 나의 연구소 연구원이었어요. 그러니까 하이젠베르크는 나의 제자인 셈이지요.

톰슨

러더퍼드 보어

하이젠베르크

원자 연구의 역사

그러면 이제 원자 이야기를 시작할까요? 지금부터 100년 전에는 원자가 어떻게 구성되어 있는지 아직 잘 모르던 시기였어요. 그래서 학자들 중에는 원자의 구조를 밝혀내기 위한 연구를 하는 학자들이 많았어요.

나는 지금부터 원자의 구조를 밝혀내기 위해 그 당시 학자들이 어떤 일들을 했는지, 그리고 그런 일을 하는 동안에 겪었던 어려움이 무엇이었는지에 대해 설명할 생각이에요. 물론 그런 연구를 통해 알게 된 원자의 구조에 대해서도 자세히 설명할 거고요.

참, 그런데 여러분은 원자가 무엇인지는 알고 있나요? 다 알고 있다고요? 그럴 줄 알았어요. 100년 전에는 우리 같은 학자들도 잘 모르던 것들을 요즈음은 초등학생들도 다 알고 있더라고요. 하지만 원자의 구조를 이야기하려면 우선 원자가 무엇인지부터 이야기해야 될 것 같군요.

다 아는 이야기이더라도 복습한다고 생각하고 들어주세요. 공부를 잘하려면 복습하는 습관이 필요해요. 노벨상을 받은 과학자들은 모두 그날 배운 것을 자기 전에 꼭 정리하면서 복습하는 사람들이었다니까요.

세상에는 수많은 종류의 물건이 있어요. 여러분 주위에 있는 물건들의 이름을 한번 대 보세요. 책상, 연필, 자동차, 텔레비전, 컴퓨터 등, 일일이 이름을 대기 힘들 정도로 많은 종류의 물건들이 있어요. 그러면 이 물건들은 무엇으로 만들어졌을까요?

어떤 것은 나무로 만들어졌고 어떤 것들은 금속으로 만들어졌어요. 물론 플라스틱으로 만들어진 물건도 있고 종이로 만들어진 물건들도 있지요. 이렇게 물건을 만들 때 사용한 재료를 물질이라고 합니다. 그러니까 물건들은 금속이나 나

무, 플라스틱, 종이와 같은 물질들로 만들어진 것이지요.

그렇다면 물질은 무엇으로 이루어졌을까요? 물건이 무슨 물질로 이루어졌는지는 조금만 살펴보면 금방 알 수 있지만, 물질이 무엇으로 이루어졌는지를 알아내는 것은 쉬운 일이 아닙니다. 물질을 이루는 작은 알갱이들은 우리 눈에 보이지 않기 때문이지요.

과학자들은 세상의 모든 물질이 원자라는 작은 알갱이로 구성되어 있다는 것을 알아냈어요. 하지만 세상을 이루는 모든 물질이 원자라는 작은 알갱이로 이루어졌다고 처음으로 주장한 사람들은 요즈음의 과학자가 아니었어요.

지금부터 약 2,500년 전 고대 그리스에서 살았던 레우키포

스(Leukippos, ?~?)와 데모크리토스(Demokritos, B.C.460?~
B.C.370?)라는 사람들이 처음으로 모든 물질은 원자로 구성
되어 있다고 주장했지요. 그러니까 원자 모형을 가장 먼저
제안한 사람은 이 사람들이라고 할 수 있어요.

원자는 물질을 이루는 요소

레우키포스와 데모크리토스는 세상이 원자와 진공으로 이
루어져 있다는 원자론을 주장했습니다. 물질이 전혀 존재하
지 않는 공간인 진공에 물질의 덩어리(원자)가 떠 있다고 생

각한 것이지요. 물질을 이루는 원자는 더 이상 쪼갤 수도 만들어낼 수도 없는 알갱이로, 그 종류는 무한히 많다고 했어요.

원자론자들은 원자는 종류에 따라 크기, 모양, 무게가 다르며, 큰 원자는 중심으로 몰려들어 지구를 형성하고, 물이나 공기, 불과 같은 훨씬 작은 원소는 바깥쪽으로 밀려나서 지구의 주변을 맴돈다고 했지요.

그들은 인간도 원자로 이루어져 있으며, 모든 종류의 원자가 들어 있어서 끊임없이 발산되고 섭취된다고 했어요. 그래서 인간을 작은 우주라고 생각하기도 했답니다.

그들은 맛을 보고, 냄새를 맡고, 소리를 듣는 것조차 모두 원자를 이용해 설명하려고 했습니다. 맛을 느끼기 위해서는 물질의 원자들과 입 안의 원자들이 부딪쳐야 한다고 했고, 원자의 운동이 공기를 자극해 자극된 공기가 귀에 전달되면 소리를 듣는다고 설명했지요.

혀가 맛을 느낄 수 있는 것은 음식물의 미각 원자가 혀의 원자와 접촉하기 때문이라고 했어요. 맵거나 짠 자극성 있는 음식물은 뾰족하고 울퉁불퉁한 원자들로 구성되어 있고, 단맛을 가진 음식은 부드럽고 매끈한 원자로 이루어졌다고도 했지요. 우리가 물체를 볼 수 있는 것도 눈에서 튀어 나가는 원자와 물체의 원자가 충돌하면서 만들어진 새로운 원자가 눈의 망막을 자극하기 때문이라고 했습니다.

그들은 또한 물질이 서로 다른 것은 물질을 이루는 원자의 종류가 다르거나 원자의 배열 방식이 다르기 때문이라고 생각했어요. 만약 원자들이 서로 닿을 수 있을 만큼 가까이 배열되어 있으면 밀도가 높은 물질이 되고, 원자들 사이의 거리가 멀면 밀도가 낮은 연한 물질이 된다고 설명했어요.

그들은 심지어 인간의 영혼도 원자로 이루어졌다고 주장했지요. 영혼은 각기 서로 결합하기 힘든 빠르게 움직이는 구형의 원자로 이루어져 있어 신체의 온기를 유지하고, 그 온기가 온몸을 순환한다고 설명했답니다.

하지만 그들의 원자론은 널리 받아들여지지 않았어요. 눈으로 볼 수 없는 원자를 이용해 모든 것을 설명하려 했으니 믿지 못했을 테지요.

그리고 당시에는 아무것도 없는 진공이란 있을 수 없다고 생각하고 있었기 때문에 원자론은 더욱 받아들이기 어려웠을 거예요. 원자론을 주장한 사람들은 진공도 있어야 한다고 강력히 주장했거든요. 그래서 원자론은 2,300여 년 동안이나 역사에서 사라져 있어야 했어요.

그 대신 세상의 모든 물질은 물, 불, 흙, 공기의 4가지 원소로 이루어졌다는 엠페도클레스(Empedokles, B.C.490?~B.C.430?)

의 4원소론을 받아들이게 되었지요. 모든 동물들은 물을 주성분으로 하는 피를 가지고 있어요. 그리고 나무에 물을 주면 나무가 자라서 여러 가지 아름다운 꽃도 피고 열매도 맺어요. 그런 것을 보고 물이 변해서 꽃이나 열매가 되었다고 생각했던 모양이에요. 그리고 몸을 만져 보면 따뜻함을 느끼지요? 햇볕도 따뜻하지요. 이렇게 물질이나 빛 속에는 따뜻함이 들어 있어요. 그것을 보고 불도 세상의 모든 물건들을 만드는 중요한 요소라고 생각했던 것 같아요.

그리고 식물이 자라기 위해서는 흙이 있어야 하고, 모든 동물은 흙에서 자란 식물을 먹고 살아요. 그리고 죽으면 다시 흙으로 돌아가고요. 그래서 흙도 모든 물질을 만드는 4가지요소에 포함시켰어요.

우리는 살아가기 위해서 항상 숨을 쉬어야 해요. 공기가 없으면 우리는 잠시라도 살 수 없어요. 그리고 공기는 어디에나 있어요. 하늘에도 있고 그릇 속에도 있고 작은 틈 사이에도 공기가 들어 있어요. 어디라도 빈 공간에는 공기가 가득 차 있어요. 그래서 공기도 4원소에 들어가게 되었어요.

사람들은 2,300년이 넘는 오랜 세월 동안 세상의 모든 물질이 이 4가지 원소로 이루어져 있다고 생각했어요. 그러다가 지금부터 약 250년쯤 전부터 공기 중에서 산소, 질소, 이산화탄소와 같은 기체들을 찾아내기 시작했습니다. 흙 속에서도 여러 가지 다른 종류의 흙을 발견했고요. 그래서 세상의 모든 물질이 4가지 원소로 만들어졌다는 것을 더 이상 믿을 수 없게 되었지요.

1808년 영국의 기상학자였던 돌턴(John Dalton, 1766~1844)이 모든 물질은 더 이상 쪼개지지 않는 가장 작은 알갱이인 원자들로 이루어졌다고 주장했어요. 돌턴의 이런 주장을 '원자론'이라고 하지요.

돌턴이 원자론을 발표한 것이 내가 살던 시기로부터 100년 전쯤의 일이니까, 여러분이 살고 있는 2000년대에서는 200년 전쯤의 일이겠군요. 원자를 영어로 무엇이라고 부르는지 알아요? 바로 '아톰(atom)'이에요. 그런데 아톰이라는 말에는 쪼개지지 않는다는 뜻이 들어 있어요. 그러니까 원자는 더 이상 쪼개지지 않는 알갱이란 뜻이지요.

처음 돌턴이 모든 물질은 원자라는 눈에 보이지 않는 작은 알갱이로 구성되었다고 했을 때 믿지 않으려는 사람들도 많았어요. 하지만 여러 가지 화학 실험과 물리 실험을 통해 원자라는 작은 알갱이가 실제로 있다는 것을 알게 되었지요. 전혀 보이지 않는 것을 있다고 하는 주장을 어떻게 믿느냐고 버티던 사람들도 결국 원자가 있다는 것을 인정하게 된 것이지요.

그렇다면 4원소론과 원자론은 어떻게 다를까요? 4원소론

에서는 세상의 모든 물질이 4가지 원소로 이루어져 있다고 주장하고 원자론에서는 그보다 더 많은 종류의 원자로 이루어져 있다고 주장하니까 원소의 수가 다를까요? 물론 그것도 다른 점이기는 해요. 하지만 4원소론과 원자론의 가장 큰 차이는 원소가 원자와 같은 알갱이로 되어 있느냐 아니냐 하는 거예요.

4원소론에서 주장한 4가지 원소는 알갱이가 아닙니다. 4원소는 4가지 종류의 물질로 얼마든지 작게 나눌 수 있고 얼마든지 원하는 비율로 섞을 수 있지요. 다시 말해 물, 불, 흙, 공기는 일정한 모양이 없다고 생각했습니다. 그러나 원자는 일정한 크기와 모양을 갖춘 작은 알갱이지요. 눈에는 보이지

않지만 물도 작은 알갱이로 이루어져 있다는 것이 원자론입니다.

돌턴의 원자 모형

돌턴은 자신의 원자 모형으로 당시에 알려져 있던 여러 가지 화학 반응을 설명하는 데 성공했어요. 원자를 볼트와 너트를 이용해 나타낸 그림을 본 적이 있나요?

이 그림은 돌턴의 원자 모형을 공 대신 볼트와 너트를 이용해 나타낸 것이라고 볼 수 있습니다. 볼트와 너트를 이용하면 배수 비례의 법칙이라는 화학 법칙을 잘 설명할 수 있어요.

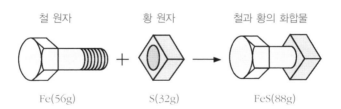

철 원자	황 원자	철과 황의 화합물
Fe(56g)	S(32g)	FeS(88g)

배수 비례의 법칙이 어떤 법칙인지 알고 있나요? 잘 모른다고요? 아주 간단한 법칙이니까 설명을 조금만 들어 보면 쉽게 알 수 있을 거예요.

배수 비례의 법칙이란 2종류의 어떤 원자가 여러 가지 화합물을 만들 때 한 원자와 결합하는 다른 원자의 수는 정수비를 이룬다는 것입니다. 예를 들어 수소와 산소는 결합하여 물 또는 과산화수소를 만드는데, 이때 수소 한 원자와 결합하는 산소 원자의 수는 1 : 2가 되어 정수 배가 된다는 것이지요.

다시 말해 1 : 1.5 또는 1 : 1.3 같은 비율로 결합하는 일은 절대 없다는 것이지요. 이것은 과학자들이 실험을 통해 알아낸 사실이에요. 돌턴의 원자 모형을 이용하면 배수 비례의 법칙은 간단히 설명할 수 있지요.

그럼 볼트와 너트를 이용한 원자 모형으로 배수 비례의 법칙을 설명해 볼까요? 볼트나 너트는 쪼개지거나 갈라지지 않지만 서로 결합할 수 있다고 생각하기로 해요. 하나의 볼트에는 여러 개의 너트를 끼울 수 있어요. 볼트나 너트가 반쪽이나 $\frac{1}{3}$쪽으로 갈라질 수 없기 때문에 하나의 볼트에 $\frac{1}{2}$개의 너트가 결합하는 것은 불가능하지요. 볼트 하나에는 너트 1개 또는 2, 3개가 결합할 수 있을 뿐이에요. 그렇다면 볼트 하나

1개의 볼트와 결합하는   1   :   2   :   3
너트의 개수비

와 결합할 수 있는 너트의 수는 당연히 정수 배를 이루지 않겠어요? 이것이 배수 비례의 법칙이랍니다.

원자들의 종류

그렇다면 세상의 모든 물질을 이루는 원자들은 몇 종류나 될까요? 지금부터 약 150년 전의 학자들은 새로운 종류의 원자들을 발견하기 위해 많은 실험을 했어요. 처음에는 주로 화학 실험을 통해 새로운 원자들을 찾아냈고, 나중에는 물질이 탈 때 내는 빛을 분석하는 것과 같은 물리 실험을 통해 새로운 원자들을 발견했지요.

그래서 1800년대 말쯤에는 자연에 있는 거의 모든 원자들의 종류를 알아냈어요. 그리고 각각의 원자들에 번호를 매겼지요. 이런 번호를 원자 번호라고 합니다. 원자의 번호이니까 원자 번호라고 하는 것이 당연하겠군요. 여러분도 학교에선 번호로 불리는 일이 있잖아요. 이름을 가지고 있지만 번호가 있으면 편리할 때가 많잖아요.

원자 번호는 크기 순으로 붙입니다. 원자 중에서 가장 작은 것이 수소라는 것은 다 알고 있지요? 그러니까 가장 작은 수소의 원자 번호가 1번이에요. 그 다음으로 작은 헬륨의 원자 번호는 2번이고요. 우리가 자연 속에서 발견할 수 있는 원자 중에서 가장 큰 원자는 원자 번호가 92번인 우라늄이에요.

그러니까 자연은 92가지 종류의 원자로 만들어졌다고 할 수 있지요. 중학교나 고등학교에서 배우는 과학책이나 화학책에는 100개 넘는 원자들의 표가 실려 있어요. 그것은 사람들이 우라늄보다 더 큰 원자들을 실험실에서 만들어 냈기 때문이에요.

요즈음에도 실험실에서 새로운 원자를 만들어 내는 실험을 계속하고 있기 때문에 원자의 종류가 정확히 몇 개라고 말하

족 주기	1	2	3	4	5	6	7	8	9	10	11	12	13	14	15	16	17	18
1	H																	He
2	Li	Be											B	C	N	O	F	Ne
3	Na	Mg											Al	Si	P	S	Cl	Ar
4	K	Ca	Sc	Ti	V	Cr	Mn	Fe	Co	Ni	Cu	Zn	Ga	Ge	As	Se	Br	Kr
5	Rb	Sr	Y	Zr	Nb	Mo	Tc	Ru	Rh	Pd	Ag	Cd	In	Sn	Sb	Te	I	Xe
6	Cs	Ba	La ~Lu	Hf	Ta	W	Re	Os	Ir	Pt	Au	Hg	Tl	Pb	Bi	Po	At	Rn
7	Fr	Ra	Ac ~Lr	Rf	Db	Sg	Bh	Hs	Mt	Ds	Rg	Uub	Uut	Uuq	Uup	Uuh	Uus	Uuo

란탄족 원소	La	Ce	Pr	Nd	Pm	Sm	Eu	Gd	Tb	Dy	Ho	Er	Tm	Yb	Lu
악티늄족 원소	Ac	Th	Pa	U	Np	Pu	Am	Cm	Bk	Cf	Es	Fm	Md	No	Lr

주기율표

기는 힘들어요. 대략 100개가 넘는다고 말할 수 있어요. 그러니까 세상의 모든 물질은 100여 가지 종류의 원자로 만들어져 있는 셈이지요. 이것이 돌턴의 원자 모형으로 설명할 수 있는 세상의 모습이에요.

오늘 강의 잘 들었어요? 재미없었다고요? 그럼 재미있는 물리 실험을 하나 소개해 줄게요. 강의가 재미없었다고 생각하는 사람은 주먹을 쥐어 보세요. 그리고 셋째 손가락을 구부린 채로 톡 튀어나오게 내밀어 보세요. 다 했어요? 그런 다음에 주먹을 높이 들어 보세요. 그러고는 그 주먹을 자신의 머리를 향해 빠른 속도로 뻗어 머리와 충돌하게 해 보세요. 효과가 있나요? 재미없었다고 말한 사람은 강의를 듣지 않고 딴생각을 하고 있었던 게 틀림없어요. 그러니까 꿀밤이 특효약이지요. 내일 강의에서는 재미없어 하는 사람이 하나도 없을 거예요.

이 세상의 모든 물질은 4원소, 즉 물, 불, 흙, 공기로 이루어져 있습니다.

아니, 수업 중에 그게 무슨 소리요? 물질의 기본 단위는 원자란 말이오!

각각 고유한 성질을 가진 4원소가 다양한 물질을 만들어 내는 거잖소.

선생님 시대보다 과학 기술이 더 발전한 1808년에 돌턴이 모든 물질은 더 이상 쪼개지지 않는 원자들로 이루어졌다고 주장했지요.

그럼 그 원자라는 건 어떻게 생겼소?

처음에는 눈에 보이지도 않는 원자의 존재를 믿지 못하는 사람들이 많았죠. 하지만 여러 가지 실험을 통해 원자라는 작은 알갱이가 실제로 있다는 걸 알게 되었지요.

흠, 그렇단 말이지…. 그럼 그 원자론은 4원소론과 어떻게 다른가요?

4원소론은 모든 물질이 4가지 원소로 이루어져 있다고 주장하지만, 원자론에서는 물질이 더 많은 종류의 원자로 이루어져 있고, 또 원소가 원자와 같은 알갱이로 되어 있다고 주장하지요.

알갱이라고요?

네. 4원소론에서의 원소는 알갱이가 아니라 모양이 없는 물, 불, 흙, 공기이지만, 원자는 일정한 크기와 모양을 갖춘 작은 알갱이입니다. 물론 눈에 보이지 않지만 말이죠.

흠, 그거 재미있는 이론이군요.

하하, 그렇죠? 그럼 저와 함께 원자에 대한 여행을 떠나 볼까요?

2

엑스선과 방사선
– 원자가 쪼개진다

엑스선과 방사선의 발견으로 원자는
더 작게 쪼개질 수 있다는 사실을 알게 되었습니다.
눈으로 볼 수 없는 엑스선과 방사선은 어떻게 발견되었을까요?

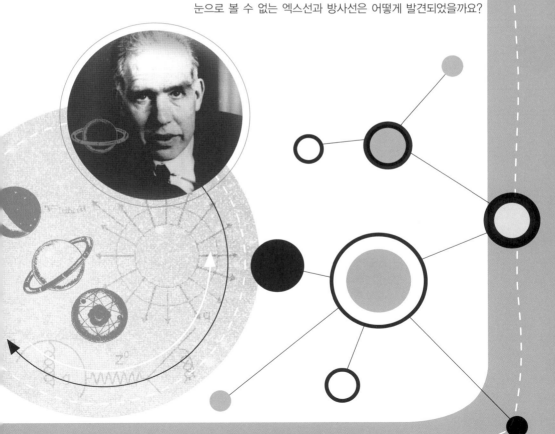

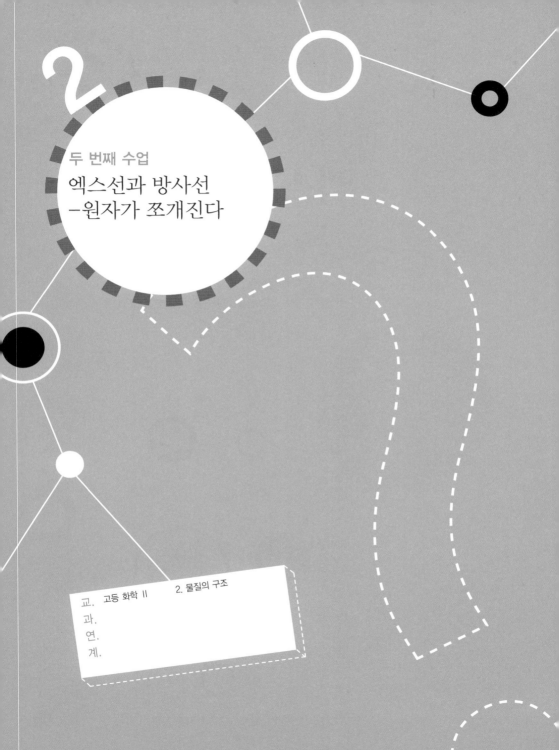

두 번째 수업

엑스선과 방사선
-원자가 쪼개진다

보어가 활기차게
두 번째 수업을 시작했다.

엑스선의 발견

인류는 약 2,500년 전부터 과학을 시작했다고 해요. 과학을 시작할 때부터 지금까지 가장 알고 싶어 했던 문제는 물질이 무엇으로 이루어져 있는가 하는 것이었어요. 처음 과학을 시작한 사람들은 모든 물질을 이루는 것은 물이라고 주장하기도 했고 불이라고 주장하기도 했다는 이야기는 지난번 수업 때 이야기했었지요?

그러다가 지금부터 약 200년 전에 모든 물질은 원자라는 알갱이로 이루어졌다는 것을 알게 된 거예요. 만약 물질을 이루는 가장 작은 알갱이가 원자라면 원자론의 등장으로 물질의 근원을 밝혀내는 문제는 다 해결된 셈이에요. 지금부터 100년 전쯤에는 자연에 존재하는 원자의 종류까지 거의 다 밝혀냈으니까 과학자들이 할 일을 거의 다한 것 같았지요.

그런데 1895년과 1896년에 전혀 생각지도 않던 일이 일어났어요. 1895년 독일의 뢴트겐(Wilhelm Röntgen, 1845~1923)이라는 과학자가 금속에서 엑스선이라는 강한 빛이 나온다는 것을 발견한 것이지요. 뢴트겐은 음극선관을 이용한 실험을 하다가 우연히 두꺼운 종이도 통과하는 강한 빛이 나오는 것을 발견하고 엑스선이라고 불렀어요. 음극선관이 무엇이냐고요?

여러분들은 형광등을 본 적이 있나요? 형광등을 보지 못한 사람이 어디 있느냐고요? 여러분이 가정마다 여러 개의 형광등을 사용하고 있는 2000년대에 살고 있다는 것을 깜빡했어요. 내가 살았던 100년 전에는 형광등이 없었어요. 따지고 보면 아주 없었던 것은 아니고요, 형광등과 비슷한 것이 과학자들의 연구실에 있었지요. 하지만 그때는 형광등이라고 부르지 않았어요. 음극선관이라고도 불렀고 사람의 이름을 따서 가이슬러관 또는 크룩스관이라고 부르기도 했지요. 그러니까 음극선관은 형광등과 비슷한 것이에요.

초기에 만들어진 음극선관의 모양은 2000년대에 사용하는 형광등의 모양과는 많이 달라요. 하지만 공기를 뺀 유리관 속에 양극과 음극을 연결한 것은 동일해요. 그리고 관 안에서 일어나는 일도 비슷하고요. 이러한 음극선관을 처음으로 연구하기 시작한 사람은 영국의 패러데이(Michael Faraday, 1791~1867)라고 하는데 나도 패러데이를 직접 만난 적은 없어요. 패러데이는 내가 태어나기 전에 살았던 사람이거든요.

유리관의 양끝에 전기를 연결하면 음극에서 무엇인가가 나와 양극으로 흘러가게 되지요. 처음에는 음극에서 무엇이 나오는지 몰라서 음극선이라고 불렀어요. 그런데 음극에서 나오는 음극선은 유리관 안의 공기의 방해를 받아 잘 흐르지 못해요. 그래서 유리관 안의 공기를 빼서 진공으로 만들면 음극선이 잘 흘러가지요. 이렇게 유리관 안의 공기를 빼고 양끝에 전기를 연결한 것이 음극선관이에요.

처음에는 유리관 안의 공기를 빼는 기술이 좋지 않아서 음극선관의 성능이 좋지 않았지요. 그래서 여러 가지 실험을 하는 데 어려움이 많았답니다. 하지만 독일의 가이슬러(Heinrich Geissler, 1815~1879)라는 사람이 음극선관을 크게 개량했지요.

가이슬러는 유리 기구 제작자였는데, 과학자들이 음극선을 연구할 수 있도록 유리관 안의 공기를 **빼낸** 진공 장치를 만들어 주었어요. 그래서 이런 관을 가이슬러관이라고 부르게 되었지요. 가이슬러관은 후에 원자의 구조와 관계되는 여러 가지 연구를 하는 데 아주 유용하게 쓰이게 되었답니다.

과학자들은 가이슬러관을 이용하여 여러 가지 실험을 하였어요. 뢴트겐도 음극선관을 이용하여 여러 가지 연구를 하던 과학자 중 한 사람입니다. 뢴트겐은 1845년에 태어났으니까 나보다도 마흔 살이나 더 나이가 많은 사람이네요. 그러니까 뢴트겐이 엑스선을 발견했을 때 나는 열 살이었던 셈이지요.

독일 뷔르츠부르크 대학의 교수였던 뢴트겐은 아주 우연한 기회에 새로운 사실을 발견하게 되었어요. 1894년부터 뢴트겐은 음극선을 금속판에 쏘는 실험을 시작했어요. 음극선관에서 나오는 음극선의 성질을 알아보기 위한 실험이었지요. 다음번 수업 때 자세히 설명하겠지만 음극선은 전자들의 흐름이에요. 그러니까 뢴트겐은 전자를 금속을 향해 쏘아 넣는 실험을 하고 있었던 것이지요.

하지만 당시에는 아직 이것이 전자라는 것을 모르고 있었기 때문에 음극선이라고 불렀어요. 나중에 알게 된 사실이지만 전자가 금속과 충돌하면 엑스선이 나오거든요. 그러나

엑스선은 눈에 보이지 않는 빛이기 때문에 음극선을 금속에 충돌시키는 실험을 하면서도 처음에는 엑스선이 나오는 줄 몰랐어요.

그런데 어느 날 음극선관을 검은 종이로 싸 놓고 실험을 하고 있었어요. 실험대 위에는 사진을 찍을 때 필름과 같은 역할을 하는 감광판이 종이에 싼 채로 놓여 있었고요. 그런데 나중에 보니까 종이로 싼 감광판에 빛이 들어간 흔적이 보였어요. 두꺼운 종이로 싸 놓았는데도 말이에요. 깜짝 놀란 뢴트겐은 같은 실험을 되풀이해 보고는 음극선관에서 종이도 뚫고 지나가는 강한 빛이 나온다는 것을 알게 되었지요.

뢴트겐은 이 사실을 아무에게도 알리지 않고 실험을 계속해 나갔어요. 1895년 12월 22일 뢴트겐은 부인을 실험실로 불러서 부인의 손을 엑스선으로 찍어 보았어요. 그랬더니 손 안에 있는 뼈는 물론이고 손가락에 끼고 있던 반지까지 선명하게 나타난 사진이 찍혔지 뭐예요. 처음으로 살아 있는 사람의 뼈를 사진으로 찍은 것이지요. 이렇게 하여 뢴트겐은 엑스선을 발견하게 되었습니다. 엑스선은 발견한 사람의 이름을 따서 뢴트겐선이라고도 부릅니다.

뢴트겐이 엑스선을 발견한 사실은 독일을 비롯한 유럽에 빠르게 알려졌어요. 독일과 오스트리아, 영국의 언론들도 이 놀라운 발견을 대서특필했기 때문에 뢴트겐은 순식간에 세계적으로 유명한 과학자가 되었지요. 엑스선의 발견은 여러 분야에 커다란 영향을 미쳤습니다. 그래서 현대 과학은 뢴트겐이 엑스선을 발견하면서 시작되었다고 말하기도 한답니다.

방사선의 발견

1895년에 있었던 엑스선의 발견은 다음 해에 있었던 베크렐(Antoine Becquerel, 1852~1908)의 발견으로 이어졌어요. 베크렐은 우라늄을 이용해 여러 가지 실험을 하다가 여름 휴가를 가게 되었다고 해요. 그는 휴가를 가면서 실험에 사용하던 우라늄과 사진을 찍는 데 사용하는 필름을 같은 서랍에 넣어 두고 갔대요. 물론 필름은 빛이 들어가지 않도록 두꺼운 종이로 잘 싸 두었어요.

그런데 휴가를 마치고 돌아와 보니 필름이 다 망가져 있었어요. 사진을 잘못 찍은 것처럼 필름엔 얼룩이 져 있던 것이지요. 우라늄에서 알지 못하는 무엇이 나와 두꺼운 종이를 뚫고 들어가 필름을 망가뜨린 것입니다. 베크렐은 그것이 무엇인지를 잘 몰랐지만 그것에 베크렐선이라는 이름을 붙였습니다. 이것이 오늘날 방사선이라고 불리는 강한 빛이에요.

즉, 베크렐은 우라늄에서 방사선이 나온다는 것을 알게 된 것이지요. 이 빛은 눈에는 보이지 않지만 아주 두꺼운 종이도 뚫고 들어갈 수 있는 강력한 빛이에요.

뢴트겐과 베크렐은 비슷한 사건으로 비슷한 것을 발견했어요. 엑스선과 방사선 중 감마선은 파장만 다를 뿐 사실은 모

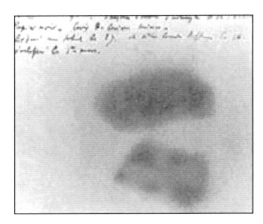

베크렐이 방사선을 발견한 건판 사진

두 전자기파이거든요. 물론 파장이 훨씬 짧은 감마선의 에너지는 엑스선의 에너지보다 훨씬 크고 따라서 훨씬 더 위험하지요.

하지만 두 사람의 발견에는 크게 다른 점 한 가지가 있어요. 뢴트겐은 금속에 음극선을 쏘아 넣었을 때 엑스선이 나온다는 것을 발견했지만, 베크렐은 우라늄을 가만히 놓아두었는데도 방사선이 나온다는 것을 발견했지요.

두 사람의 발견은 참으로 대단한 것이었어요. 그게 무슨 대단한 발견이냐고요? 엑스선과 방사선의 발견으로 원자도 쪼개질지 모른다는 생각을 할 수 있게 되었기 때문이지요. 원자는 더 이상 쪼개지지 않는 가장 작은 알갱이라고 했던 것

기억나나요? 그런데 더 이상 쪼갤 수 없는 가장 작은 알갱이 안에서 무엇이 나올 수 있을까요? 무엇인가가 나온다는 것은 더 쪼갤 수 있다는 거잖아요.

특히 아무것도 쏘아 넣지 않은 우라늄에서 방사선이 나왔다면 원자 내부에서 무엇이 나온다는 것을 증명하는 발견이 되겠지요. 그러니까 뢴트겐과 베크렐은 거의 100년 동안 원자는 더 이상 쪼개지지 않는 가장 작은 알갱이라고 믿어 왔던 과학적 사실이 틀릴 수도 있다는 것을 발견한 것이지요. 그런 의미에서 엑스선이 발견된 1895년은 과학의 역사에서 매우 중요한 해라고 할 수 있답니다.

원자가 내는 방사선에 대해 자세히 연구한 사람은 폴란드 출신의 과학자 마리 퀴리(Maria Curie, 1867~1934)였어요. 우리에게는 퀴리 부인이라는 이름으로 더 잘 알려져 있지요. 퀴리 부인의 남편이었던 피에르 퀴리(Pierre Curie, 1859~1906)도 물리학자였어요. 퀴리 부부는 베크렐이 발견한 방사선이 매우 중요하다는 것을 알고 방사선에 대한 연구에 매달렸어요. 그래서 1898년 폴로늄과 라듐이라는 원소도 방사선을 낸다는 것을 알게 되었지요. 그러니까 더 작은 알갱이로 쪼개지는 원자는 우라늄만이 아니었던 거예요.

1901년에 수여된 제1회 노벨 물리학상은 엑스선을 발견한

독일의 뢴트겐이 받았고, 1902년의 제2회 노벨 물리학상은 베크렐과 퀴리 부부가 받았어요. 그러니까 제1회와 제2회 노벨 물리학상은 원자가 쪼개질 수 있다는 것을 발견한 사람들에게 주어졌다고 할 수 있어요.

더 쪼개질 수 있는 원자

원자를 발견해 놓고 이제 물질을 이루는 가장 작은 알갱이들을 찾아냈다고 생각했는데, 원자가 더 작은 알갱이로 쪼개질 수도 있다는 것을 알게 되었어요. 그렇다면 이제 무엇을 해야 할까요? 원자를 이루고 있는 더 작은 알갱이들을 찾아내고 그것들이 어떻게 원자를 만들고 있는지 알아내야 하지 않겠어요?

하지만 그 일은 참으로 어려운 일이에요. 여러분은 원자의 크기가 어느 정도 되는지 알고 있나요? 원자는 우리가 상상하기 어려울 정도로 작아요. 가장 작은 수소 원자의 지름은 약 $\frac{1}{100,000,000}$cm예요. 그러니까 1cm에 약 5,000만 개의 원자를 늘어세울 수 있는 셈이지요. 만약 1억 개의 원자를 1초에 하나씩 센다면 쉬지 않고 세어도 3년 2개월 동안 세어야 해요. 이렇게 작으니 아무리 좋은 현미경을 쓰더라도 원자의 내부를 들여다 볼 수는 없어요.

그러니까 원자가 어떻게 이루어져 있는지를 알아내는 일은 우리가 절대로 볼 수 없는 세계에서 어떤 일이 벌어지고 있는지를 알아내는 일이나 마찬가지라고 할 수 있죠. 눈으로 볼 수 있는 세상에서 일어나는 일을 다 알고 이해하는 것도 어려운 일인데, 절대로 볼 수 없는 세상의 일을 알아내는 것이 얼마나 어려울지 쉽게 짐작이 가지요?

그리고 보면 과학자들은 보통 사람들이 어려울 것이라고 생각하는 일에 도전하기를 즐기는 사람들이에요. 남들이 다할 수 있는 일을 하면 무슨 큰 보람이 있겠어요. 하지만 아무도 할 수 없는 일이라고 포기하고 있을 때 그 일을 해낸다면 참으로 큰 보람을 느낄 수 있지요. 사실 사람의 능력이란 그렇게 큰 차이가 없어요. 다만 쉽게 포기해 버리느냐 아니면 끝까지 문제를 해결하려고 노력하느냐에 따라 결과는 엄청난 차이가 생기지요. 공부할 때나 문제를 풀 때도 쉽게 포기해 버리면 답을 구할 수가 없어요. 하지만 끝까지 노력하다 보면 답을 구할 수가 있지요.

절대 눈에 보이지 않는 것을 연구할 때는 어떤 방법을 쓰면 될까요? 모형을 사용하면 된다고요? 맞았어요. 절대로 보이지 않는 것을 연구하는 것은 절대로 안을 들여다보거나 열어 볼 수 없는 어둠상자 속에 들어 있는 물건의 모양과 성질을 알아내는 것과 비슷해요.

어둠상자 속의 물건에 대해 알아보기 위해서는 우선 이 물건과 관련 있는 몇 가지 실험을 해 보지요. 그러고는 그런 실험의 결과를 설명할 수 있는 모형을 만듭니다. 모형을 흔들어 보거나 굴려 보거나 해서, 안에 있는 것이 둥근 구슬 모양일 것이라고 생각하는 것이나 마찬가지이지요.

그런 후에는 다른 여러 가지 실험을 해서 이미 만든 모형으로 모든 성질을 설명할 수 있는지 확인해 보는 거예요. 만약 실험에 나타난 모든 성질을 다 설명할 수 있으면 우리는 상자 안에 들어 있는 물건이 우리 모형과 같다고 믿게 되지요. 하지만 우리가 만든 모형을 가지고 실험에 나타난 성질을 설명할 수 없으면 새로운 모형을 만들어야 해요. 이렇게 모형을 바꾸어 가다 보면 실험을 통해 알게 된 모든 사실을 설명할 수 있는 모형이 얻어지게 될 거예요.

지난번 수업에서 돌턴이 원자는 더 이상 쪼개지지 않는 단단한 공과 같은 알갱이라고 주장했다고 했지요? 돌턴이 실제로 원자를 보고 그렇게 말한 것은 아니에요. 여러 가지 화학 반응을 설명하기 위해서는 원자가 단단한 공과 같아야 한다고 생각했던 것이지요. 그러니까 돌턴의 주장도 하나의 원자 모형이라고 할 수 있어요.

그러나 이제부터 만들어 내야 되는 원자 모형은 돌턴의 원자 모형과는 많이 달라야 될 거예요. 우선 원자를 이루고 있는 더 작은 알갱이들을 찾아내야 하고, 그런 알갱이들이 원자를 이루기 위해 어떻게 모여 있는지를 설명할 수 있는 원자 모형이어야 하니까요.

1900년대 초에는 여러 가지 원자 모형이 등장했다가 사라졌어요. 내가 만들었던 수소 원자 모형도 그런 원자 모형들 중의 하나였지요. 여러분의 교과서에 나와 있는 원자의 그림은 거의 나의 원자 모형을 바탕으로 하고 있다고 볼 수 있어요. 그러니까 내가 제안했던 원자 모형은 지금까지 나왔던 원자 모형들 중에서 성공적이었던 원자 모형인 셈이에요. 물론 가장 성공한 원자 모형은 아니었지만요.

오늘은 꿀밤 먹을 사람 없나요? 과학 이야기를 하다 보면 내용이 조금 어려워져서 재미없을 때도 있어요. 하지만 새로운 사실을 알아 가는 것을 즐겁게 생각해 보세요. 그렇게 되면 이미 알고 있는 이야기가 나올 때보다 잘 몰랐던 이야기가 나올 때 오히려 더 재미있다고 생각하게 될 거예요. 새로운 이야기에 재미를 느끼게 되면 스스로 자기 머리에 꿀밤 먹일 일이 점점 줄어들겠죠.

돌턴의 원자론에선 원자는 깨지지 않는 작은 알갱이라고 했지만, 실은 원자도 깨진다는 사실이 밝혀졌답니다.

그게 정말이요?

저기 보이는 독일 과학자 뢴트겐이 음극선관을 이용한 실험을 하다가, 우연히 두꺼운 종이도 통과하는 강한 빛이 나오는 것을 발견하고 '엑스선'이라 불렀지요.

그리고 그 다음 해엔 베크렐이란 과학자가 우라늄에서 아주 두꺼운 종이도 뚫고 들어갈 수 있는 강력한 빛이 나온다는 것을 발견했지요. 그것이 감마선입니다.

흠, 둘 다 비슷한 것을 발견한 것 아니오?

엑스선과 감마선은 파장만 다를 뿐 사실은 모두 전자기파이니까요. 하지만 뢴트겐은 금속에 음극선을 쏘았을 때 엑스선이 나온다는 것을 발견했고, 베크렐은 우라늄을 가만히 놔뒀는데도 감마선이 나온다는 것을 발견한 것이 다르지요.

아무튼 두 사람의 발견은 참으로 대단한 것이죠. 원자도 쪼개질지 모른다는 생각을 할 수 있게 되었으니까요.

호~, 그렇군요.

그러니까 뢴트겐과 베크렐은 거의 100년 동안 원자는 더 이상 쪼개지지 않는 가장 작은 알갱이라고 믿어 왔던 과학적 사실이 틀릴 수도 있다는 것을 발견한 것이지요.

엑스선이 발견된 1895년은 과학의 역사에서 매우 중요한 해라고 할 수 있겠군요.

전자와 양성자의 발견

음극선관에서 나오는 알갱이의 정체는 무엇일까요?
원자를 구성하는 전자와 양성자에 대해 알아봅시다.

3

세 번째 수업

전자와 양성자의 발견

보어가 원자를 이루는
알갱이들에 대한 이야기로
세 번째 수업을 시작했다.

원자들이 내는 빛의 색깔

원자 모형에 대해서 본격적인 이야기를 하기 전에 알아야
할 일이 하나 더 남았어요. 원자 모형은 원자를 구성하는 여
러 가지 알갱이들이 어떻게 결합되어 있는가를 설명하기 위해
만드는 것이에요. 그러니까 제대로 된 원자 모형 이야기를 하
기 위해서는 우선 원자를 이루고 있는 알갱이들에는 어떤 것
들이 있는지, 그리고 그런 알갱이들을 어떻게 발견하게 되었
는지에 대해 알아보아야 될 거예요.

원자에 대한 연구는 음극선관을 이용한 실험과 밀접한 관계가 있어요. 음극선관 실험을 통해 원자에 대한 여러 가지 성질을 알아낼 수 있었고, 원자 모형은 그런 성질을 설명할 수 있는 뒷받침이 되었지요. 그런가 하면 음극선관 실험을 통해 원자를 구성하는 알갱이들을 발견하기도 했어요. 우선 음극선관을 통해 알아낸 원자에 대한 성질부터 알아볼까요?

먼저 원자들이 내는 빛의 색깔에 대한 실험부터 알아보기로 합시다. 물건을 태우면 빛이 나온다는 것은 여러분도 잘 알고 있을 거예요. 금속을 불 속에 넣어 달구어도 빛이 나와요. 이때 나오는 빛은 한 가지 빛이 아니에요.

햇빛은 무슨 색깔의 빛일까요? 햇빛은 색깔이 없는 그냥 환한 빛이에요. 그러나 햇빛을 프리즘에 통과시키면 여러 가

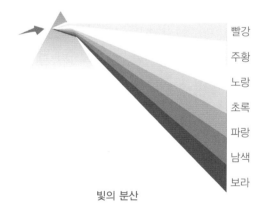

빨강
주황
노랑
초록
파랑
남색
보라

빛의 분산

지 색깔이 나타나지요. 그것은 햇빛 속에 여러 가지 색깔의 빛이 들어 있기 때문이지요. 여러 가지 색깔의 빛이 섞이면 색깔이 없는 환한 빛이 돼요. 우리 눈은 여러 가지 색깔의 빛이 섞여 있는 빛에서는 색깔을 구분하지 못하고 그냥 환한 빛으로 느끼기 때문이지요.

물체가 탈 때 나오는 빛이나 온도가 높은 물체가 내는 빛에는 햇빛과 마찬가지로 여러 가지 색깔의 빛이 섞여 있어요. 온도가 낮을 때는 빨간 색깔의 빛이 더 강하게 나오고 온도가 높아지면 푸른 색깔의 빛이 나오기는 하지만요.

그런데 공기를 뺀 유리관에 기체를 넣고 전기를 통하면 한 가지 색깔의 빛만 나오지요. 밤거리를 화려하게 장식하는 네온사인은 공기를 뺀 유리관에 여러 가지 종류의 기체를 조금씩 넣은 다음 공기가 들어가지 못하도록 밀봉한 것이에요.

이런 유리관의 양끝에 전기를 연결하면 여러 가지 색깔의 빛이 나오는데, 이때 나오는 빛의 색깔은 유리관 속에 넣는 기체의 종류에 따라 달라져요. 수은 기체를 넣으면 청록색, 아르곤 기체를 넣으면 붉은 보라색, 헬륨 기체를 넣으면 붉은 노란색, 수소 기체를 넣으면 장미 색깔의 빛이 나오지요. 두 가지 이상의 기체를 섞거나 유리관에 색을 칠하면 더 다양한 색깔의 빛이 나오도록 할 수 있어요. 그래서 네온사인은 간판이나 광고물에 널리 사용되고 있지요.

유리관에서 나오는 빛은 분광기라는 기계를 통해 보면 몇 개의 선으로 나타납니다. 분광기는 빛을 색깔별로 아주 자세히 나누어 보는 기계예요. 우리 눈으로 보면 붉은색으로 보이는 빛도 사실은 조금씩 다른 색이거든요. 분광기를 통해 보면 아주 조금 다른 색깔의 빛도 구분해 낼 수 있어요. 분광기를 이용하여 어떤 원자가 어떤 빛을 내는지를 자세히 연구한 과학자들은 놀라운 사실을 알아냈어요. 원자마다 나오는 빛의 색깔이 모두 다르다는 사실을 말이지요.

사람은 누구나 지문이 다르지요? 그래서 지문을 조사하면 그 지문의 임자가 누구인지 알아낼 수 있어요. 마찬가지로

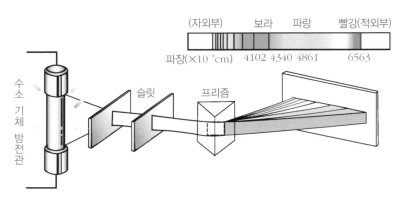

수소 원자의 선 스펙트럼

원자에서 나오는 빛이 다르다는 것은 원자에서 나오는 빛이 원자의 지문처럼 사용될 수 있다는 것을 뜻하지요.

멀리 있는 별에서 오는 빛을 분석하여 그 별이 어떤 원소로 이루어져 있는지 알아낼 수 있는 것은 원자마다 내는 빛의 종류가 다르기 때문이에요. 원자 번호가 2번인 헬륨은 수소 다음으로 작은 원자예요. 그런데 헬륨은 맨 처음 어디에서 발견됐는지 아세요?

헬륨은 지구에서 발견한 것이 아니에요. 태양에서 오는 빛을 분광기를 통해서 연구하던 과학자들은 태양의 빛 속에서 그때까지 지구에서 발견된 원소에서 나오는 것과는 다른 빛이 섞여 있는 것을 발견했어요. 그래서 그 빛을 내는 원소의 이름을 헬륨이라고 부르기로 했지요. 태양은 그리스어로 헬리오스라고 하거든요. 그러니까 헬륨은 태양에서 발견된 원

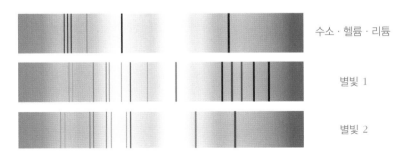

수소 · 헬륨 · 리튬

별빛 1

별빛 2

여러 가지 원소의 선 스펙트럼

소라는 뜻입니다. 후에 지구에서도 헬륨이 발견되었지만요.

음극선관의 일종인 가이슬러관에 수소 기체를 넣은 후 전기를 연결할 때 나오는 빛을 연구한 사람 중에는 발머(Johann Balmer, 1825~1898)라는 학교 선생님도 있었어요. 스위스의 한 고등학교에서 학생을 가르치고 있던 발머는 수소가 내는 빛이 간단한 수학 공식에 따른다는 것을 보여 주었어요. 그것이 1885년의 일이에요. 그러니까 내가 태어나던 해의 일이었지요.

하지만 왜 그런 공식이 성립하는지, 그 공식이 어디에서 나왔는지는 설명할 엄두도 내지 못했어요. 수소 원자가 어떻게 빛을 내는지 그리고 왜 그런 공식이 성립해야 하는지를 밝혀낸 것은 내가 훨씬 후에 한 일이니까요. 나는 이것을 밝혀낸 공로를 인정받아 노벨 물리학상을 받았답니다.

이제 가이슬러관 속에 넣은 기체가 내는 빛의 색깔에 대한 이야기는 이 정도로 하고, 다음에는 가이슬러관 속을 흘러가는 미립자에 대해서 알아볼까요?

전자의 발견

과학자들은 기체를 넣은 유리관의 양끝에 전기를 연결하면 여러 가지 색깔의 빛이 나오는 것은 음극에서 무엇인가가 나와 양극으로 흘러가면서 기체와 부딪히기 때문이라고 생각했어요. 하지만 무엇이 나오는지를 알아내는 일은 쉽지 않았어요. 눈에 보이지 않기 때문이었지요.

그런데 이 알갱이들이 형광 물질을 발라 놓은 표면에 부딪치면 빛을 낸다는 것을 알게 되었어요. 따라서 알갱이는 볼 수 없었지만 이 알갱이가 어디에 부딪치는지 눈으로 볼 수 있는 것이죠. 우리가 매일 보는 텔레비전 화면의 안쪽에도 형광 물질이 발라져 있어요. 거기에 작은 알갱이들이 부딪치면서 빛을 내는데 그 빛을 이용하여 움직이는 그림을 만들어 내는 것이 텔레비전이에요. 과학자들은 유리관 벽에 형광 물질을 바르고 전기를 통하면서 음극에서 나오는 알갱이들이 어떤 성질을 가지고 있는지 자세히 알아보았어요.

과학자들은 우선 음극과 양극의 중간에 고체 물질을 놓아 보았어요. 그랬더니 맞은편에 물체의 그림자가 생기는 것이었어요. 그것은 음극선에서 나와 양극으로 흘러가는 것이 작은 알갱이라는 것을 뜻하는 것이었지요. 중간에 물체를 놓으면 알갱이는 물체를 통과하지 못하기 때문에 맞은편에 그림자가 만들어지거든요.

다음에 과학자들은 유리관 주위에 자석을 놓아 보았어요. 그랬더니 음극에서 나오는 입자들의 흐름이 방향을 바꾸었어요. 유리관 주위에 전기를 걸어 놓아도 입자들의 흐름이 바뀌었지요. 입자들의 흐름이 바뀌는 방향을 조사한 과학자들은 음극에서 나오는 입자들이 음전기를 띠고 있다는 것을 알게 되었어요. 그러니까 음극선관의 음극에서 나와 양극으로 흘러가는 것은 음전기를 띤 작은 알갱이들이라는 것을 알게 된 것이지요. 이 알갱이들의 흐름을 음극선이라고 부르게 되었어요.

음극선을 자세히 연구하여 이것이 바로 전자의 흐름이라는 것을 밝혀낸 사람이 톰슨이에요. 톰슨은 나보다도 나이가 스물아홉 살이나 더 많았던 분이에요. 내가 코펜하겐 대학에서 박사 학위를 마치고 영국에 있는 케임브리지 대학에 연구를 위해 갔을 때 그 대학에 있던 캐번디시 연구소 소장으로 있었으니까요. 나는 톰슨에게 많은 것을 배우며 연구를 했어요. 음극선에 대해서도 많은 이야기를 나누었고요. 내가 톰슨과 같이 훌륭한 과학자에게 배울 수 있었던 것은 참으로 행운이었어요.

톰슨은 많은 제자들을 길러냈는데 그중에서 노벨상을 받은 사람만도 6명이나 되지요. 나도 그중에 한 사람이지만요. 톰슨의 제자로 나보다 선배인 러더퍼드는 자신도 노벨상을 받았지만 러더퍼드의 제자 11명도 노벨상을 받았어요. 그러니까 톰슨의 제자와 그 제자의 제자들 중에 노벨상을 받은 사람만 수십 명인 셈이지요. 이제 톰슨이 얼마나 대단한 분인지 알겠지요?

톰슨은 과학적으로 많은 업적을 남겼는데 그중에 가장 중요한 업적은 음극선관의 음극에서 나오는 알갱이들이 모두 같은 종류의 알갱이들이라는 것을 밝혀낸 것입니다.

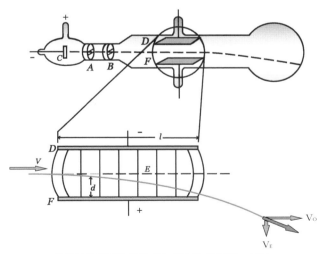

음극선이 전기에 의해 휘는 정도를 측정하는 실험

당시에는 음극선에 관해 연구하는 과학자들이 많아서 음극
선관의 음극에서 알갱이들이 나온다는 것을 알고 있는 사람
들은 많았어요. 하지만 톰슨이 처음으로 이 알갱이들의 정체
를 자세히 밝혀냈던 거지요.

원자를 구성하는 전자와 양성자

톰슨은 음극선관의 음극에서 나오는 알갱이들이 자석이나
전기에 의해 휘는 정도를 조사해 보았어요. 그랬더니 모든
알갱이들이 다 똑같은 정도로 휜다는 것을 알게 되었지요.
그것은 모든 알갱이들이 한 가지 종류의 알갱이라는 것을 의
미합니다. 그때까지는 음극에서 음전기를 가진 알갱이들이
나온다고 해도 그것들의 크기가 모두 같은지, 전기의 양이
모두 같은지, 무게가 같은지 알지 못했었거든요.

1897년 4월 30일 영국 왕립 연구소에서 톰슨은 4개월간에
걸친 음극선에 대한 실험 결과를 발표했어요. 이 발표에서
톰슨은 음극선에서 나오는 미립자들은 전기의 양과 질량의
비가 같은 한 종류의 알갱이들이라고 발표했어요. 톰슨이 발
견한 이 미립자가 훗날 사람들이 전자라고 부르게 된 알갱이

에요. 그러니까 톰슨이 전자를 처음 발견한 것이지요. 그러나 이 입자에 전자라는 이름을 붙인 것은 톰슨이 아니었어요. 톰슨은 이 알갱이들을 전자라는 이름 대신 미립자라고 불렀지요.

음극선관에서 나오는 입자들에 대해 여러 가지를 연구한 과학자들은 이 입자가 여러 가지 전기 현상을 만들어 내는 알갱이라는 것을 알아내고 이 입자에 전자라는 이름을 붙였어요. 이렇게 해서 1897년 제대로 된 이름도 없이 미립자로 그 모습을 드러냈던 전자가 정식 이름까지 갖게 되었지요.

그리하여 세상에 그 모습을 드러낸 전자는 현대 문명을 이끌어 가는 주인공이 되었답니다. 우리가 매일 사용하는 컴퓨터 속에서 복잡하고 어려운 일들을 해 주는 것도, 텔레비전과 라디오로 먼 곳의 소식을 전해 주는 것도 모두 전자가 하는 일이에요.

그런데 과학자들은 음극선관이 아닌 다른 곳에서도 전자를 발견하게 되었어요. 베크렐과 퀴리 부부가 발견했던 방사성 원소에서 나오는 방사선을 연구한 과학자들은 이런 원소에서 나오는 방사선에는 3가지가 있다는 것을 알게 되었어요. 방사선이 3가지라는 것을 밝혀낸 사람은 우리가 다음에 자세하게 공부하게 될 러더퍼드예요.

러더퍼드는 우라늄과 같은 방사성 원소를 놓아두고 이 원소에서 나오는 방사선을 전기의 양극과 음극 사이를 지나가게 해 보았어요. 그랬더니 양극 쪽으로 휘어지는 방사선도 있었고 음극 쪽으로 휘어지는 방사선도 있었으며 휘어지지 않고 똑바로 지나가는 방사선도 있다는 것을 알게 되었던 것이지요.

양극 쪽으로 휘어지는 방사선의 휘어지는 정도를 자세히 조사한 과학자들은 이것이 음극선관에서 발견한 전자와 같은 알갱이들이라는 것을 알게 되었어요. 그리고 음극 쪽으로 휘어지는 것은 양전기를 가지고 있는 양성자라는 것을 알게 되었지요.

후에 이것은 양성자 2개와 중성자 2개가 결합한 큰 알갱이라는 것을 알게 되지만 이때는 아직 중성자는 발견되어 있지 않았기 때문에 그냥 양전기를 가진 양성자로만 생각했어요. 휘어지지 않고 똑바로 지나가는 것은 알갱이가 아니라 감마선이라고 하는 빛이라는 것도 알아냈지요.

이렇게 해서 원자에서 전자와 양성자 그리고 감마선이 나온다

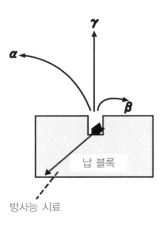

방사능 시료

방사선의 종류

는 것을 알게 되었어요. 그렇다면 원자는 무엇으로 이루어졌을까요? 원자에서 양성자와 전자가 나온다는 것이 확인되었으니까 원자는 전자와 양성자로 이루어졌다고 생각해야겠지요?

그래서 1900년대 초부터 원자는 양성자와 전자로 이루어졌다고 생각하게 되었어요. 더 이상 쪼개지지 않는다고 생각했던 원자들이 양성자와 전자로 쪼개질 수 있다는 생각을 하게 된 것이지요. 원자를 구성하고 있는 입자 중의 하나인 중성자는 이보다 훨씬 뒤인 1932년에 가서야 채드윅(James Chadwick, 1891~1974)이라는 과학자에 의해 발견되었어요.

이렇게 해서 원자가 양성자와 전자로 이루어졌다는 것은 알게 되었지만 정작 어려운 일은 이제부터 시작되었지요. 과학자들은 양성자와 전자가 어떻게 원자를 구성하고 있는지, 그리고 왜 우리가 관측할 수 있는 여러 가지 빛들이 나오는지를 설명해야 되었거든요. 물론 여기에는 엑스선이나 감마선과 같은 강력한 빛들이 왜 나오는지를 설명하는 일도 포함되어 있었지요. 앞에서 음극선관 안에 넣어 놓은 기체 원자들이 내는 빛에 대해 이야기한 것은, 앞으로 할 이야기에서는 원자에서 왜 그런 빛이 나오는지를 설명하는 것이 가장 중요한 내용이기 때문이에요.

이제 이야기가 본궤도로 들어가게 된 것 같지요? 원자 모형 이야기를 한다고 해 놓고 사흘 동안이나 다른 이야기를 해서 이야기가 방향을 잡지 못하고 있는 것이 아닌가 하고 걱정하는 사람도 있었을 거예요. 하지만 원자 모형 이야기를 하기 위해서는 약간의 준비가 필요하다고 생각되어 잠시 다른 이야기를 했던 거랍니다. 이제 제자리에 오게 되었어요. 눈에 보이지 않는 원자의 세계를 알아내기 위해 애쓴 과학자들의 이야기가 기다려지지 않나요? 다음 시간부터는 본격적으로 원자 모형 이야기를 하기로 하지요.

과학자의 비밀노트

쿼크

물질을 구성하는 기본 단위인 원자는 양성자, 중성자, 전자로 구성되어 있는데 과학자들의 오랜 연구 끝에 양성자나 중성자를 구성하는 보다 근본적인 입자가 있다고 주장이 제기되고 있다. 바로 이 입자를 쿼크라고 한다.

쿼크는 u(up), d(down), c(charm), s(strange), t(top), b(bottom)의 6가지 종류가 있고, 각각에 대한 반입자가 있다. 이들 쿼크의 전하량은 전자 1개의 전하량보다 크기가 작다.

과학자들이 제시하는 표준 모형에 의하면 양성자는 uud로, 중성자는 udd로 구성되어 있다. 양성자나 중성자에서는 쿼크 입자 사이의 결합 에너지가 매우 크기 때문에 쿼크는 개별 입자로 존재할 수 없다.

아직까지 쿼크의 존재는 간접적인 수단에 의해서만 확인되어 왔는데, 쿼크가 독립적으로 존재할 가능성도 있으므로 계속 연구하고 있는 중이다.

여긴 또 어디요?

영국 왕립연구소입니다. 이곳 소장인 톰슨은 음극 의 음극에서 나오는 알갱이 이 자석이나 전기에 의해 정도를 조사하다가 모든 이들이 똑같은 정도로 휘 것을 알게 되었지요.

그럼 모든 알갱이 들이 한 가지 종류 라는 겁니까?

네. 톰슨은 음극선에서 나오는 미립자들이 전기의 양과 질량의 비가 같은 한 종류의 알 갱이들이라고 발표 했어요.

미립자들은 전기량과 질량의 비가 같으면 한종류입니다.

왕립학회

이를 연구한 과학자들은 이 입자가 여 러 전기 현상을 만들어 내는 알갱이라 는 것을 알아내고, 전자라는 이름을 붙 였어요. 그리하여 세상에 모습을 드러 낸 전자는 현대 문명을 이끌어 가는 주 인공이 되었답니다.

호~, 그거 놀라 발견이었군요.

전자

그런데 과학자들은 음극선관이 아닌 다른 곳에서도 전자를 발 견하게 되었어요. 바로 방사성 원소에서지요. 방사선을 연구한 과학자들은 이런 원소에서 3가 지의 방사선이 나온다는 걸 알 았어요.

방사선에도 3가지가 있다고요?

네. 우라늄과 같은 방사성 원소에서 나 오는 방사선을 전기의 양극과 음극 사 이를 지나가게 해 보았어요. 그랬더니 양극 쪽으로 휘어지는 방사선도 있고, 음극 쪽으로 휘어지는 방사선도 있으며, 휘어지지 않고 똑바로 지나가는 방사선 도 있다는 것을 알게 된 것이지요.

난 양극이 좋아~

+

난 음극이 좋아~

양극 쪽으로 휘어지는 방사선의 휘어지는 도를 자세히 조사한 과학자들은 이것이 음 선관에서 발견한 전자와 같은 알갱이들이라 것을 알게 되었어요. 그리고 음극 쪽으로 휘 지는 것은 양전기를 가지고 있는 양성자라 것을 알게 되었지요.

전자와 양성자라….

양성자

4

톰슨의 원자 모형

과학자들은 눈으로 볼 수 없는 세계를 어떻게 관찰하고 연구할까요?

네 번째 수업

톰슨의 원자 모형

교. 고등 화학 II   2. 물질의 구조

과.

연.

계.

보어가 진지한 표정으로
네 번째 수업을 시작했다.

원자 모형의 구상

우리는 눈을 통해 세상을 보고 배워요. 직접 보는 것보다
더 확실한 것은 없어요. 그래서 '백문이 불여일견'이라는 말
도 있지요. 백 번 듣는 것보다 한 번 보는 것이 더 확실하다는
뜻이지요. 그러나 사실상 우리가 눈으로 보는 것은 생각처럼
그렇게 정확하지 못해요. 원자처럼 작은 세계를 볼 수 없는
것은 물론이고 자외선이나 적외선, 엑스선, 감마선과 같은
빛도 볼 수 없어요. 만약 우리 눈이 그런 것들을 모두 볼 수

있다면 우리는 자연에 대해 훨씬 많은 것을 알 수 있었을 텐데요.

만약 우리가 원자처럼 작은 알갱이도 볼 수 있었다면 원자 모형을 만들고 또 새로 고치느라고 고생하지 않아도 되었을 거예요. 하지만 어쩌겠어요? 우리 눈으로는 원자 속을 들여다볼 수 없으니 모형을 만들어 볼 수밖에요.

앞에서 1800년대 초에 돌턴이 원자는 더 이상 쪼개지지 않는 가장 작은 알갱이라고 주장한 것이 최초의 원자 모형이라는 것을 기억하고 있을 거예요. 1800년대는 과학자들이 자연에 존재하는 원자의 종류는 몇 가지나 되는지를 밝혀내기 위해 노력하던 시기였어요.

처음에는 화학 반응을 통해 새로운 원자를 발견하던 과학자들이 원자가 내는 빛이나 엑스선을 이용해 새로운 원자를 찾아내는 방법을 발견했지요. 이런 노력을 통해 원자의 종류가 거의 모두 밝혀지자 원자들이 가지고 있는 성질을 체계적으로 연구하기 시작했어요.

과학자들은 곧 원자들이 가지는 규칙적인 성질을 밝혀냈지요. 원자 번호가 8 증가할 때마다 비슷한 화학적 성질을 가진 원자들이 나타난다는 것을 발견한 것이지요. 이런 성질을 이용해서 과학자들은 주기율표라는 것을 만들었어요. 여러분의 과학책이나 화학책에도 주기율표가 실려 있을 거예요.

주기율표를 만든 사람은 멘델레예프(Dmitrii Mendeleev, 1834~1907)라는 러시아의 과학자예요. 이렇게 해서 과학자들은 원자들이 가지는 규칙적인 성질을 발견하기는 했지만 왜 이런 성질이 나타나는지는 설명할 수 없었어요.

그러나 1800년대 말 원자가 엑스선과 방사선을 낸다는 것이 밝혀지면서 원자가 더 이상 쪼개지지 않는 가장 작은 알갱이가 아닐지 모른다는 생각을 하게 되었어요. 그렇다면 원자의 내부는 어떻게 이루어져 있을까요?

앞에서 이야기한 대로 원자의 내부는 들여다볼 수 없으니까 원자 속에서 어떤 일이 벌어지고 있는지 알기 위해서는 원자 모형을 만들 수밖에요. 그러나 처음에 등장했던 원자 모형은 그다지 성공적이지 못했어요. 처음에 등장했던 원자 모형은 현재 우리가 알고 있는 원자 모형과는 많이 다른 것이었어요.

원자는 더 이상 쪼개지지 않는 가장 작은 알갱이라고 주장했던 돌턴의 원자 모형 다음으로 등장했던 원자 모형은 토성 모형이라고 할 수 있어요. 토성 모형은 1903년에 일본 도쿄에서 열렸던 수학 물리학회에서 나가오카 한타로(Nagaoka Hantaro, 1865~1950)라는 과학자가 발표했어요. 토성 모형에서는 양전

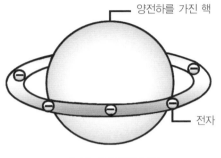

나가오카의 토성 모형

기를 띠는 양성자가 중앙에 있고 그 주위를 전자들이 고리 모
양으로 돌고 있다고 했어요. 그러나 이 토성 원자 모형은 어떻
게 전자가 양성자 주위를 돌고 있는지를 설명할 수 없었기 때
문에 심한 반대에 부딪쳐 폐기될 수밖에 없었어요.

톰슨의 원자 모형

토성 모형을 대신할 새로운 원자 모형을 고안한 사람은 톰
슨이에요. 19세기 말부터 여러 가지 형태의 원자 모형을 고
안하던 톰슨은 토성 원자 모형이 지니는 불안정성을 해결할
수 있는 새로운 원자 모형을 찾기 시작했어요. 새로운 원자

모형은 원자 속에서 음전기를 띤 전자와 양전기를 띤 양성자가 나오는 것을 설명할 수 있고, 음이온과 양이온이 만들어지는 것을 설명할 수 있는 원자 모형이었어야 했어요.

여러분은 음이온과 양이온이 무엇인지는 다 알고 있나요? 대부분의 학생들은 다 알고 있는 모양인데 정확히 모르는 학생도 있는 것 같군요. 그럼 양이온과 음이온이 무엇인지 설명해 볼까요?

보통의 원자는 전기를 띠지 않아요. 그것은 원자 속에 전기가 없기 때문이 아니라 양전기와 음전기가 같은 양으로 들어 있기 때문이에요. 그런데 때로는 원자가 양전기나 음전기를 띨 때도 있어요. 양전기나 음전기 중에 하나가 많아졌기 때문이에요.

이렇게 양전기나 음전기를 띠는 원자를 이온이라고 하지요. 플러스 전기를 띤 원자를 양이온, 마이너스 전기를 띤 원자를 음이온이라고 해요. 이온들은 전기를 띠고 있기 때문에 전기적인 인력이 작용해서 여러 가지 물질을 만들 수 있어요. 도대체 원자 속은 어떻게 되어 있기에 보통 때는 전기를 띠지 않다가 양이온이 되기도 하고 음이온이 되기도 하는 걸까요?

이런 문제를 해결하기 위해 톰슨이 제안한 원자 모형은 의

외로 아주 간단한 것이었어요. 원자 속에는 양성자가 골고루 퍼져 있고 그 속에 전자가 여기저기 박혀 있는 원자 모형이었지요. 마치 호박떡 안에 건포도가 박혀 있듯이 전자가 박혀 있는 모형이었어요. 그래서 이 원자 모형을 호박떡 모형 혹은 건포도 모형이라고 불러요.

톰슨의 원자 모형

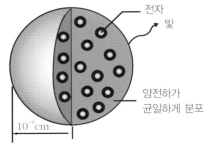

톰슨의 원자의 내부

톰슨은 원자 속에 들어 있는 전자가 단단하게 박혀 있는 것이 아니라 느슨하게 박혀 있어서 원자 밖으로 튀어나오거나 들어갈 수 있다고 생각했어요. 음전기를 가진 전자가 튀어나오면 원자 속에는 양전기가 음전기보다 많아져 양전기를 띠게 되는데, 이런 것이 양이온이지요. 때로는 바깥에서 전자가 원자 속으로 들어가기도 하는데 이렇게 되면 원자 속에는 음전기가 양전기보다 많아져 음이온이 된다는 것이에요.

톰슨의 원자 모형으로 원자들 사이에서 일어나는 여러 가지 화학 반응을 모두 설명할 수는 없었지만 음이온이나 양이온이 생기는 이유, 그리고 방사성 원소에서 전자의 흐름인 베타선이 나오는 이유를 잘 설명할 수 있었어요. 더구나 톰슨은 전자의 질량은 양성자 질량의 $\dfrac{1}{1,840}$ 이라는 것을 밝혀 내 원자 질량은 대부분 양성자의 질량이라는 것도 알아냈어요. 톰슨의 원자 모형에서는 원자 전체가 양성자이고 전자는 여기저기 박혀 있다고 했으니 원자 질량의 대부분이 양성자의 질량인 것과도 잘 들어맞았어요.

톰슨은 자신의 원자 모형을 이용해서 원자들이 가지는 규칙적인 성질을 설명하려고 시도하기도 했지만 그다지 성공을 거두지는 못했어요. 게다가 이러한 톰슨의 원자 모형은 그리 오래가지 않았어요. 톰슨의 제자인 러더퍼드가 톰슨의 원자 모형이 틀렸다는 것을 밝혀냈기 때문이지요.

…자에 전자나 양성자가 …어 있다는 건 알겠는데, …럼 원자는 대체 어떻게 …긴 거요?

그건 톰슨도 많이 고민했던 문제였죠. 원자 모형은 원자 속에 전자와 양성자가 들어 있다는 것과, 음이온과 양이온이 만들어지는 것을 설명할 수 있어야 했으니까요.

잠깐! 방금 말한 음이온, 양이온은 또 뭐요?

아, 그건 말이죠, 보통의 원자는 양전기와 음전기가 같은 양만큼 들어 있지만 때로는 어느 한 쪽의 전기가 많아져서 양이온이나 음이온이 될 때가 있어요.

즉, + 전기를 띤 원자를 양이온, −전기를 띤 원자를 음이온이라고 해요. 이온들은 전기를 띠고 있기 때문에 전기적인 인력이 작용해서 여러 물질을 만들 수 있어요.

도대체 원자 속은 어떻게 되어 있기에 보통 때는 전기를 띠지 않다가 양이온이 되기도 하고 음이온이 되기도 하는 걸까요?

난 양이온

난 음이온

바로 이런 문제를 해결하기 위해 톰슨이 제안한 원자 모형은 원자 속에 양성자가 골고루 퍼져 있는 것이지요. 그리고 전자가 여기저기 느슨하게 박혀 있어서 원자 밖으로 튀어나오거나 들어갈 수 있다고 생각했어요.

호~! 대단한 제안이네요.

이런 톰슨의 원자 모형은 원자들 사이의 화학 반응을 모두 설명할 수는 없었지만 음이온이나 양이온이 생기는 이유, 그리고 방사성 원소에서 전자의 흐름인 베타선이 나오는 이유를 잘 설명할 수 있었지요. 하지만 원자들이 가지는 규칙적인 성질은 잘 설명하지 못했어요.

아니, 그럼 다른 원자 모형이 나왔겠군요?

그래요. 톰슨의 제자인 러더퍼드가 톰슨 원자 모형이 틀렸다는 것을 밝혀냈답니다.

러더퍼드의 **원자 모형**

러더퍼드는 금박 실험을 통해 원자핵을 발견합니다.
러더퍼드가 만든 원자 모형을 들여다보며
그것으로 알아낸 사실이 무엇인지 알아봅시다.

5

다섯 번째 수업

러더퍼드의 원자 모형

보어가
러더퍼드에 대한 이야기로
다섯 번째 수업을 시작했다.

과학자 러더퍼드

톰슨이 제안했던 원자 모형이 틀렸다는 것을 밝혀내고 새로운 원자 모형을 만든 사람은 톰슨의 제자였던 러더퍼드였어요. 나도 톰슨의 제자였으니까 러더퍼드와 나는 같은 선생님의 제자인 셈이에요. 중국 무협 영화에서는 이런 경우 우리를 사형제라고 하더군요. 그러니까 나보다 나이가 많은 러더퍼드는 사형이고 나는 사제인 셈이지요. 러더퍼드는 나의 사형들 중에서 가장 대단한 사람이에요.

하지만 러더퍼드가 만든 원자 모형이 틀렸다는 것을 알아
내어 새로운 원자 모형을 만든 사람은 바로 나거든요. 후에
내가 만든 원자 모형도 완전하지 않다는 것이 밝혀지기는 했
지만, 아직도 교과서에는 내가 만든 원자 모형 그림이 실려
있고 학생들이 내가 만든 원자 모형을 공부하고 있는 것을 보
면, 내 원자 모형은 톰슨이나 러더퍼드의 원자 모형보다는
성공한 셈이에요.

그렇다고 내가 톰슨이나 러더퍼드보다 한 수 위라고 주장
하는 것은 아니에요. 하긴 그렇게 이야기하는 사람이 있기는
하지만요. 잘난 척하는 것이 나의 유일한 유머라는 것은 여
러분들도 다 알고 있지요?

러더퍼드는 1871년 뉴질랜드에서 태어났어요. 러더퍼드의 부모님이 영국에서 뉴질랜드로 이민을 갔었거든요. 러더퍼드는 처음에 아버지를 도와 농사일을 하려고 했지만 교육을 중요시하는 부모님은 러더퍼드를 학교에 보내 공부를 하도록 했다고 해요.

뉴질랜드에 있는 넬슨 공립 대학교에 다니던 러더퍼드는 캔터베리 대학의 장학생으로 입학하게 되고, 후에 영국에서도 가장 유명한 케임브리지 대학 안에 설치되어 있던 캐번디시 연구소에서 장학생으로 공부하고 연구하게 되었지요. 러더퍼드는 후에 톰슨의 뒤를 이어 캐번디시 연구소 소장이 되기도 했지요.

러더퍼드가 케임브리지에서 톰슨을 만난 것은 러더퍼드 인생의 전환점이 되었어요. 이즈음 독일의 뢴트겐이 엑스선을 발견하여 세상이 엑스선 이야기로 떠들썩하던 때였어요. 러더퍼드는 톰슨의 지도와 격려를 받아 가면서 엑스선이 기체에 미치는 영향에 대해 연구하기 시작했어요. 이 연구를 계기로 러더퍼드는 일생 동안 원자와 원자핵을 연구하게 되었지요. 후에는 톰슨의 추천으로 캐나다의 맥길 대학교에 가서 연구를 계속하는데, 이때 우리가 알고 있는 많은 연구 결과를 발표하였지요.

러더퍼드의 연구 성과 중에 가장 두드러진 것은 원자핵을 발견하여 새로운 원자 모형을 제시한 것이라고 할 수 있어요. 우리가 오늘 할 이야기도 대부분 이에 대한 이야기예요. 하지만 이것 외에도 러더퍼드가 이루어 낸 업적은 많이 있어요. 그중에는 방사성 원소의 성질과 관련된 것들이 많아요.

스스로 강력한 빛을 내는 원소인 방사성 원소를 최초로 발견한 사람은 베크렐이고, 방사성 원소에 대하여 깊이 있는 연구를 한 사람은 퀴리 부부였지만, 방사선에 대하여 많은 사실을 알아낸 사람은 러더퍼드라고 할 수 있어요. 러더퍼드는 방사성 원소에서 나오는 방사선이 알파선과 베타선, 감마선이라는 3가지 성분을 가지고 있다는 것을 밝혀내기도 했어요. 3가지 방사선에 알파선과 베타선, 감마선이라는 이름도 붙였지요.

러더퍼드는 또한 방사성 물질이 방사선을 내고 다른 원소로 바뀌어 간다는 것을 알아내기도 했어요. 방사성 원소들이 붕괴할 때는 그 속도가 일정해 처음 양의 반이 붕괴되는 데 걸리는 시간은 항상 같다는 것을 알아내고 그 기간을 그 원소의 반감기라고 부르기도 했지요. 한 원소가 다른 원소로 변해 간다는 러더퍼드의 주장은 중세의 연금술과 같다고 비난받기도 했어요. 그러나 러더퍼드는 방사성 원소에 대한 이런 연구로 세계적으로 유명한 과학자가 되었지요.

캐나다의 맥길 대학에서 연구하던 러더퍼드는 1907년 맨체스터 대학의 교수로 임명되어 영국으로 돌아왔어요. 내가 러더퍼드를 만난 것도 맨체스터 대학에서였지요. 그때 나는 코펜하겐 대학에서 박사 학위를 받고 더 많은 연구를 위해 영국으로 가서 케임브리지에 있는 캐번디시 연구소에서 톰슨과 연구를 하다가 맨체스터 대학으로 갔거든요.

방사능에 대한 연구를 계속하던 러더퍼드는 원자의 내부 구조를 조사할 수 있는 방법을 알아보기 위한 실험을 했어요. 그가 그동안 연구한 방사성 원소에 대한 성질을 설명하기 위해서는 원자의 내부 구조가 어떻게 되어 있는지 알아야 했거든요. 원자에 대한 성질을 연구하다 보니까 원자의 내부 구조가 궁금해진 것은 당연한 일 아니겠어요?

러더퍼드의 금박 실험

1909년 러더퍼드는 그의 역사적인 금박 실험을 시작했어요. 이 실험을 역사적인 실험이라고 하는 것은 그만큼 유명하게 된 실험이었다는 뜻이기도 하고 후세에 많은 영향을 미친 실험이었다는 뜻이기도 해요. 러더퍼드는 우선 $\frac{1}{1,000}$ cm보

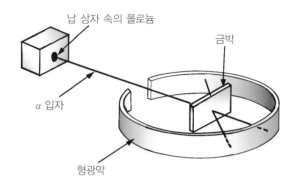

납 상자 속의 폴로늄

금박

α 입자

형광막

러더퍼드의 금박 실험

다 얇은 금박을 만들었어요.

금박이 무엇이냐고요? 금으로 만든 얇은 종이라고 생각하면 돼요. 금을 밀고 또 밀어서 아주 얇게 만든 것이지요. 아마더 얇게 만들려고 했으면 찢어졌을 거예요. 그러니까 금박이란 찢어지기 직전까지 밀어서 아주 얇게 만든 금종이예요.

왜 하필 비싼 금을 썼느냐고요? 금은 모든 금속 중에서 가장 얇게 만들 수 있는 금속이에요. 금으로 정교한 세공품 만든 것을 보았지요? 금으로 이렇게 정교한 세공품을 만들 수있는 것은 금이 잘 펴지고 구부러지는 성질을 가지고 있기 때문이에요. 금을 이용하여 얇은 종이를 만든 러더퍼드는 이금종이를 향해 알파선을 쏘면서 어떤 일이 벌어지는지 알아보는 실험을 했어요. 이것이 그 유명한 금박 실험이지요.

알파선은 양성자 2개와 중성자 2개가 뭉쳐 만들어진 알갱이에요. 그러나 당시에는 중성자를 발견하지 못했기 때문에 양성자들로만 만들어진 알갱이라고 생각했지요. 따라서 알파 입자는 양성자보다는 훨씬 더 무거웠어요. 그리고 당시에는 톰슨 선생님의 원자 모형에 의해 양성자는 원자 내에 골고루 퍼져 있다고 생각했었어요. 그러니까 금박 속에는 양성자들이 골고루 퍼져 있을 것이라고 생각했지요. 러더퍼드가 실험을 시작할 당시 알파 입자를 금박을 향해 쏘는 것은, 가벼운 탁구공을 여러 겹 쌓아 놓고 여기에 야구공을 던지는 것과 마찬가지일 것이라고 생각했어요.

알파 입자를 어떻게 쏘았냐고요? 아, 그렇군요. 알파 입자를 쏘았다는 표현은 정확한 표현이 아니로군요. 이 당시에는 이미 방사능에 대한 연구를 통해 우라늄이나 폴로늄과 같은 방사성 원소에서 알파 입자가 일정한 비율로 나오고 있다는 것을 알고 있었어요.

그러니까 방사성 원소를 납으로 만든 그릇에 넣은 후 금박을 향해 방향만 열어 놓았어요. 그리고는 금박 주위에 알파선이 충돌하면 빛을 내는 알파선 검출기를 설치했지요. 즉, 알파선을 금박을 향해 쏜 것이 아니라, 우라늄에서 알파선이 금박을 향해 나가도록 길을 열어 놓고 어떤 일이 일어나는지

지켜본 것이에요. 하지만 그 결과는 알파 입자를 금박을 향해 쏜 것과 같기 때문에 알파 입자를 금박을 향해 쏘았다고 말하는 거예요.

과연 어떤 일이 일어났을까요? 대부분의 알파 입자들은 금박을 아주 자유롭게 통과하여 똑바로 지나갔어요. 하지만 몇몇 알파 입자는 아주 큰 각도로 튕겨 나갔고 어떤 알파 입자는 거의 뒤쪽으로 튕겨 나오기도 했어요. 이것은 매우 놀라운 사실이었어요. 야구공이 탁구공과 충돌한 후 뒤로 튀어 나온다는 것이 가능한 일이겠어요?

후에 러더퍼드는 이때의 일을 "이 결과는 나의 인생에서 믿을 수 없는 대사건이었다. 이것은 커다란 포탄을 얇은 종이에 쏘았을 때 포탄

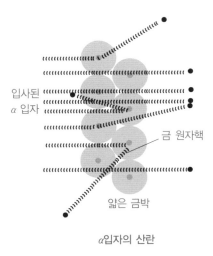

입사된 α 입자

금 원자핵

얇은 금박

α입자의 산란

이 뒤로 튀어나오는 것과 마찬가지로 믿을 수 없는 것이었다."라고 말했어요.

만약 양성자가 원자 내에 골고루 퍼져 있고 알파 입자가 양성자와 충돌했다면 이런 일은 일어나지 않았을 거예요. 이 실험으로 인해 양성자가 원자 내에 골고루 퍼져 있고 그 사이사이에 전자가 박혀 있다는 톰슨의 원자 모형이 틀렸다는 것을 알 수 있게 되었어요.

러더퍼드는 새로운 원자 모형을 만들기 위해 복잡한 계산을 했어요. 알파 입자가 튀어나가는 방향과 큰 각도로 튀어나가는 알파 입자의 수를 이용해 원자 내부가 어떻게 구성되어 있는지 알아내기 위해서는 생각보다 어려운 수학적 계산이 필요하거든요.

금박 실험 결과를 이용한 계산을 통해 러더퍼드는 원자의 대부분은 빈 공간으로 되어 있고, 이 빈 공간에는 질량이 작은 전자들이 돌고 있으며, 원자의 중심에는 원자 지름의 $\frac{1}{10,000}$ 밖에 안 되는 좁은 공간에 원자 질량의 대부분이 모여 있다는 것을 알게 되었어요. 그리고 무거운 양성자들이 좁은 공간에 모여 있어서 원자 질량의 대부분을 차지하는 원자 속의 이 작은 알갱이를 원자핵이라고 이름 붙였지요.

러더퍼드가 제시한 새로운 원자 모형

그러니까 러더퍼드는 금박 실험을 통해 원자핵을 발견한 것이에요. 또한 러더퍼드는 원자 중심에 자리 잡고 있는 작은 원자핵을 중심으로 전자들이 돌고 있는 새로운 원자 모형도 만든 것이지요. 앞에서 원자가 얼마나 작은지 이야기했었지요? 그런데 원자핵의 지름은 원자 지름의 $\frac{1}{10,000}$ 밖에 안 된다는 거예요. 러더퍼드는 그 후 원자핵을 가지고 많은 실험을 했어요. 러더퍼드의 원자 모형은 매우 정교한 과학적 실험을 통해 만들어진 것이라는 점에서 오늘날까지도 매우 중요하게 생각되고 있어요.

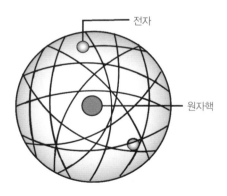

러더퍼드의 원자 모형

그러나 러더퍼드의 원자 모형에는 많은 문제점이 있다는 것이 밝혀졌어요. 러더퍼드의 원자 모형은 톰슨의 원자 모형보다 먼저 나왔던 토성 모형과 매우 비슷한 모양이에요. 물론 토성 모형은 실험 결과를 바탕으로 하지 않았고 원자핵에 대해 자세한 계산을 하지 않았으므로 러더퍼드의 원자 모형과는 비교할 수 없어요. 토성 모형은 전자가 양성자 주위를 계속적으로 돌 수 있는 것을 설명할 수 없었기 때문에 반대에 부딪쳐 폐기되었다고 했던 것을 기억하고 있을 거예요.

러더퍼드의 원자 모형은 토성 모형보다는 훨씬 발전한 것이기는 했지만 토성 모형이 가지고 있는 결함을 그대로 가지고 있었어요. 양전기를 가지고 있는 원자핵 주위를 음전기를 가진 전자가 돌고 있는 원자 모형은 토성 모형과 마찬가지로 역학 이론이나 전자기 이론과 맞지 않았어요. 그것은 양전기를 가진 원자핵과 음전기를 가진 전자 사이에 전기적인 인력이 작용하고 있는데 어떻게 전자가 원자핵으로 끌려들어 가지 않고 계속 원자핵 주위를 돌 수 있느냐는 것이었지요.

지구도 태양 주위를 돌고 있어요. 지구와 태양 사이에는 중력이 작용하고 있고요. 만약 지구가 운동을 멈추면 중력 때문에 태양 속으로 빨려들어 가고 말 거예요. 지구가 태양으로 끌려가지 않는 것은 지구가 달리고 있기 때문이에요.

하지만 지구와 전자는 크게 다른 점이 한 가지 있어요. 지구는 전기를 띠지 않았다는 것이지요. 전기를 띠지 않은 지구는 계속 달리고 있는 한 태양으로 빨려들어 갈 염려가 없어요. 지구가 갑자기 멈출 리가 없으니까 앞으로도 지구는 태양으로 끌려가는 일은 영원히 일어나지 않을 거예요.

그러나 전기를 띤 전자는 지구의 경우와는 전혀 달라요. 전자가 달려가는 방향을 바꾸어 달리게 되면 전자기파를 내고 에너지를 잃게 돼요. 따라서 운동이 점점 더 느려지게 마련이지요.

양성자와 전자 같은 입자를 빠른 속도로 달리게 하여 여러 가지 실험을 하는 시설을 가속기라고 한다는 것은 다 알고 있지요? 가속기 중에는 원형으로 설치된 둥근 관을 따라 전자를 빠르게 달리도록 하고 이때 나오는 엑스선을 실험에 이용하는 방사광 가속기도 있어요. 방사광 가속기는 전자의 속도에 따라 여러 가지 다른 파장의 엑스선이 강하게 나오기 때문에 여러 가지 실험에 편리하게 사용할 수 있어요. 몇 년 전 신문을 보니까 한국의 포항에도 이런 방사광 가속기가 설치되었다고 하더군요.

그러니까 원자 주위를 돌고 있는 전자는 방사광 가속기 속의 전자들처럼 전자기파를 내고 에너지를 잃어야 되지요. 그

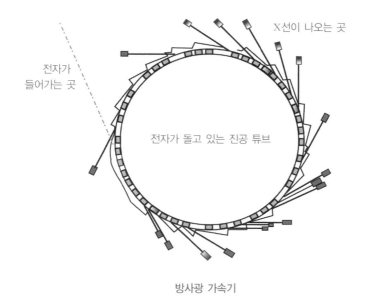

X선이 나오는 곳

전자가
들어가는 곳

전자가 돌고 있는 진공 튜브

방사광 가속기

렇게 되면 전자들의 속도가 점점 느려지게 되고 결국에는 양전기를 띤 양성자 속으로 빨려 들어가야 해요.

그런 일이 일어나면 원자는 사라지고 원자핵만 남을 거예요. 하지만 원자로 이루어진 세상의 모든 물질들이 제자리에 있는 것으로 보아 원자가 사라지지 않는 것은 분명해요. 그렇다면 무엇이 잘못되었을까요?

금박 실험의 결과를 보면 러더퍼드의 원자 모형은 맞는 것 같은데 러더퍼드의 원자 모형은 전자기학의 이론들과 맞지 않으니 큰일이 아닐 수 없었어요. 이 문제를 해결한 사람이 누구였을까요? 바로 나예요. 내가 아니면 누가 그 어려운 일을 해낼 수 있었겠어요. 그 이야기는 나중에 하기로 하고 여기서는 러더퍼드의 원자 모형에 대해 좀 더 이야기하지요.

러더퍼드 원자 모형에서는 양성자로 이루어진 원자핵 주위를 전자가 돌고 있다고 했지요? 그리고 전자가 어떻게 에너지를 잃지 않고 원자핵 주위를 돌 수 있는지를 설명할 수 없었기 때문에 성공적인 원자 모형이라고 할 수는 없다는 이야기도 했어요.

그러나 러더퍼드의 원자 모형에서 처음으로 등장한 원자핵은 현재의 원자 모형에서도 그대로 받아들여지고 있어요. 다시 말해 러더퍼드는 금박 실험을 통해 원자핵을 발견하는 큰 업적을 이룩한 것이지요. 원자핵을 이루고 있는 양성자는 전자보다 훨씬 큰 질량을 가지고 있지만 전기량은 전자의 전기량과 똑같아요. 물론 전기의 부호는 반대이지만요.

그래서 원자가 전기를 띠지 않기 위해서는 핵 속에 들어 있는 양성자의 수와 원자핵 주위를 돌고 있는 전자의 수가 같아야 돼요. 원자핵 속에 들어 있는 양성자의 수가 바로 그 원자의 원자 번호예요. 그러니까 양성자의 수가 달라지면 다른 원자가 되는 것이지요.

그러나 전자 하나가 원자에서 달아나면 원자는 전체적으로 양전기를 띠게 돼요. 양성자의 수가 많아지기 때문이지요. 전자 하나가 달아나더라도 다른 원자라고 하지는 않아요. 대신 이온이라고 하지요.

그런데 이 원자핵에도 이해할 수 없는 일이 있었어요. 보통의 원자에는 양성자와 전자가 같은 수 들어 있다고 했지요? 그리고 양성자의 수가 바로 원자 번호라는 이야기도 했어요. 그렇다면 양성자로 이루어진 원자핵의 질량은 얼마나 될까요?

원자핵에 들어 있는 양성자 하나의 질량에다 양성자의 개수를 곱하면 원자핵의 질량이 되어야 할 거예요. 그런데 원자핵의 질량은 그보다 훨씬 컸어요. 이것은 1932년에 채드윅이 중성자를 발견할 때까지는 수수께끼였어요. 중성자가 발견되자 이제 원자핵은 양성자와 중성자로 구성되었다는 것을 알게 되었지요.

원자핵을 발견한 러더퍼드는 원자핵을 이용한 많은 실험을 하였어요. 질소 원자핵이 알파 입자와 충돌하면 다른 원자핵으로 바뀌면서 수소 원자핵을 내놓는다는 것을 알아내기도 했어요. 이것은 한 가지 원자를 다른 원자로 바꾸어 보려던 연금술사들의 오랜 꿈이 드디어 실현되었다는 것을 의미하는 것이었어요.

러더퍼드는 방사성 원소에 대한 연구 공로를 인정받아 1908년에 노벨 화학상을 받았고, 1914년에는 원자와 원자핵을 연구한 공로로 영국 왕실로부터 기사 작위를 받기도 했지요. 1919년에 스승이었던 톰슨이 은퇴하자 캐번디시 연구소의 소장으로 취임했어요. 그 밖에도 수많은 업적을 남긴 러더퍼드는 1937년 10월에 죽어 웨스트민스터 사원에 묻혔어요.

오늘은 러더퍼드의 원자 모형에 대한 이야기를 했어요. 다음에는 나의 원자 모형 이야기를 할 차례이지만 내 이야기는 워낙 중요하니까 준비 작업으로 플랑크의 양자 가설에 대한 이야기부터 하지요. 오늘은 꿀밤 먹을 사람 없나요? 그런 사람이 있다면 알아서 스스로 한 방 먹여 보세요. 정신이 번쩍 날 테니까요. 나도 예전에 공부하다가 게을러질 때는 그렇게 했어요.

이곳은 내가 러더퍼드를 처음 만난 맨체스터 대학이에요. 이곳은 또한 러더퍼드가 역사적인 금박 실험을 했던 곳으로 유명하지요.

잘 모르겠지만 뜻 깊은 곳인가 보군요.

네. 러더퍼드는 금박 실험 결과를 통해 원자의 대부분은 빈 공간으로 되어 있으며, 이 빈 공간에는 질량이 작은 전자들이 돌고 있고, 중심부의 아주 좁은 공간에 원자 질량의 대부분이 모여 있다는 것을 알게 되었어요.

호~, 그래요?

그러니까 러더퍼드는 금박 실험을 통해 원자핵을 발견한 것이에요. 즉, 원자핵이 원자의 중심에 자리 잡고 원자핵을 중심으로 전자들이 돌고 있는 새로운 원자 모형도 만든 것이지요.

그럼 그 원자 모형엔 문제가 없었소?

이것도 많은 문제가 있었지요. 특히 음전기를 띤 전자가 양전기를 띤 원자핵으로 끌려들어가지 않고 계속 원자핵 주위를 돌 수 있느냐는 것이 큰 문제였지요.

비록 러더퍼드의 원자 모형이 전자기학의 이론들과 맞지 않아 성공적인 원자 모형이 될 수는 없었지만, 러더퍼드의 원자 모형에서 처음 등장한 원자핵은 현재의 원자 모형에서도 그대로 받아들여지고 있어요.

그렇군요.

또 러더퍼드는 질소 원자핵이 알파 입자와 충돌하면 다른 원자핵으로 바뀌면서 수소 원자핵을 내놓는다는 것을 알아냈지요. 이것은 한 원소를 다른 원소로 바꾸어 보려던 연금술사들의 꿈이 드디어 실현되었음을 의미하는 것이었어요.

러더퍼드란 이름, 꼭 외워 둬야겠군요.

6

플랑크의 양자 가설

과학자들은 빛의 파장과 세기가 온도에 따라
어떻게 달라지는지 연구하기 시작했어요.

여섯 번째 수업

플랑크의 양자 가설

보어가 양자 가설 이야기를 꺼내며
여섯 번째 수업을 시작했다.

운동하기 전에는 준비 운동을 철저히 하는 것이 좋아요. 그런데 따지고 보면 무슨 일을 하기 전에 철저하게 준비해야 하는 것은 운동뿐만이 아니에요. 철저하게 준비를 하고 난 다음에 무슨 일을 하면 실패할 염려도 없어지고 더 좋은 결과를 얻을 수 있을 테니까요.

우리가 원자 모형을 이야기하는 것은 현대의 원자 모형 다시 말해 양자 역학적 원자 모형을 이해하기 위해서예요. 양자 역학적 원자 모형을 이해하기 위해서는 우선 내가 제안했던 원자 모형을 이해해야 해요. 그런데 나의 원자 모형이나 양자 역학적 원자 모형을 이해하기 위해서는 우선 플랑크(Max Planck, 1858~1947)의 양자 가설이라는 것을 알아야 해요.

긴 파장, 짧은 파장 전자기파

전자기파는 파장에 따라 여러 가지 종류로 나눌 수 있어요. 파장이 긴 전자기파에서부터 차례로 늘어놓아 보면 전파와 적외선, 가시광선, 자외선, 엑스선, 감마선의 순서가 되지요. 이 중에서 우리가 눈으로 볼 수 있는 전자기파는 가시광선뿐이에요. 가시광선은 다시 여러 가지 색깔의 빛으로 나누어지는데 그것도 파장 때문이에요. 그러니까 우리는 수많은 전자기파 중에서 아주 좁은 범위의 전자기파만 보고 있는 거지요. 우리 눈이 그렇게 만들어졌기 때문이에요.

밤에는 빛이 없어 캄캄해요. 그러나 사실은 빛이 없기 때문이 아니에요. 우리가 적외선이라는 빛을 볼 수 없기 때문이지요. 온도가 낮은 물체는 전자기파 중에서 파장이 긴 적외선을 주로 내거든요. 그러나 온도가 높아지면 우리가 볼 수 있는 가시광선을 내게 돼요. 온도가 아주 높아지면 우리가 볼 수 없는 자외선이나 엑스선과 같은 파장이 짧은 전자기파를 내게 되지요. 그러니까 온도에 따라 내는 전자기파의 파장이 달라져요. 온도가 낮은 물체는 파장이 긴 전자기파를 내고, 온도가 높은 물체는 파장이 짧은 전자기파를 내지요. 그렇다면 어떤 온도에서는 어떤 파장의 전자기파가 얼마나 나올까요?

이 문제를 흑체 복사의 문제라고 해요. 물체가 내는 빛은 2가지가 있어요. 하나는 외부에서 오는 빛을 받아서 반사하는 빛이고, 다른 하나는 스스로 내는 빛이지요. 반사하는 빛은 반사광이라고 하고, 스스로 내는 빛은 복사광이라고 해요.

우리가 물체를 볼 수 있는 것은 우리 주위에 있는 물체들이 빛을 받아 반사하고 있기 때문이에요. 온도가 낮은 우리 주위의 물체들은 우리가 볼 수 있는 가시광선을 내지 않기 때문에 빛을 반사하지 않으면 우리는 볼 수 없어요. 물체의 표면이 검은색이면 빛을 잘 반사하지 않아요. 물론 전혀 반사하지 않는 것은 아니지만요.

그래서 빛을 전혀 반사하지 않고 스스로 내는 빛만 내보내는 물체를 흑체라고 해요. 그러니까 흑체 복사의 문제란 물체가 스스로 내는 빛의 파장과 세기가 온도에 어떻게 달라지는가를 알아보는 문제였어요.

1800년대 말의 과학자들은 이 문제의 답을 구하기 위해 많

은 실험을 했고 여러 가지 계산을 해 보았어요. 그러나 실험
을 통해 얻어진 결과를 전자기파에 대한 이론으로 설명할 수
가 없었지요. 따라서 이 문제를 해결하는 것은 당시 과학자
들에게 매우 중요한 과제였어요. 그런데 이 문제의 해답은
전혀 엉뚱한 곳에서 얻어졌어요.

　이 문제의 해답을 얻어낸 사람은 독일의 플랑크라는 사람
이었어요. 1858년 독일에서 태어난 플랑크는 양자 물리학이
라는 새로운 물리학이 탄생하는 데 중요한 역할을 한 사람이
었어요. 나도 일생 동안 양자 물리학을 연구한 사람이니까
플랑크의 영향을 많이 받았다고 할 수 있지요.

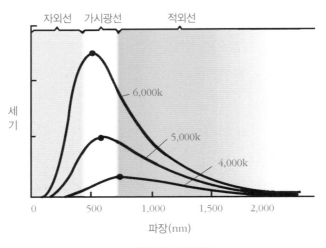

흑체 복사 그래프

에너지도 알갱이와 덩어리로 구성

플랑크는 흑체 복사의 문제를 해결하기 위해 물체가 내보내거나 받아들이는 에너지도 알갱이로 되어 있다는 가설을 제시했어요. 에너지도 알갱이로 되어 있다니 그게 무슨 말일까요? 시장에 가면 여러 가지 물건을 파는 것을 볼 수 있어요. 사과나 배 같은 과일은 사거나 팔 때 개수로 사고팔아요.

그러나 우유나 참기름 같은 음료는 한두 개씩 사고파는 대신 1병, 2병,⋯ 이렇게 사고팔지요. 사과나 배는 1개, 2개, ⋯ 셀 수 있지만, 우유나 참기름은 이렇게 셀 수 없기 때문이에요.

원자론이 나오기 전에는 모든 물질을 쪼개고 쪼개면 마지

막에 남는 것은 우유나 참기름처럼 셀 수 없는 물, 불, 흙, 공기 같은 재료만 남는 줄 알았어요. 그러나 원자론에서는 물질도 쪼개고 쪼개면 마지막에는 더 이상 쪼개지지 않는 알갱이인 원자가 남는다고 했어요. 원자는 아주 작아서 눈에 보이지 않기는 해도 사과나 배처럼 셀 수 있어요.

그런데 플랑크는 에너지도 이렇게 셀 수 있는 작은 덩어리로 이루어져 있다는 거예요. 그러니까 마음대로 작은 양을 주고받을 수 있는 것이 아니라 이 작은 덩어리를 하나 둘 세어서 서로 주고받을 수 있다는 거였지요. 세상의 모든 물질이 하나 둘 셀 수 있는 알갱이로 되어 있다는 것은 이해할 수 있는 이야기이지만 에너지가 덩어리로 이루어져 있다니 그게 도대체 무슨 소리일까요? 그런데 왜 우리는 그런 것을 눈치채지 못하고 살아왔을까요?

에너지가 덩어리로 되어 있고 그것이 왜 중요한지를 이해하기 위해 다른 예를 들어 볼까요? 우리는 돈을 가지고 물건을 사요. 돈이 있으면 살 수 없는 물건이 없어요. 그런데 정말 돈이 있으면 모든 물건을 살 수 있을까요?

여러분 집에 있는 돈을 다 꺼내 보세요. 얼마짜리가 있지요? 흔하지는 않아도 1원짜리 돈도 있어요. 10원짜리, 50원짜리, 100원짜리, 1,000원짜리, 5,000원짜리, 10,000원짜리,

50,000원짜리가 우리가 가지고 있는 돈의 모든 종류에요. 그런데 여기 물건이 있는데 그 값이 51.7원이에요. 만약 물건값을 더 내도 안 되고 덜 내도 안 된다면 우리가 아무리 돈을 많이 가지고 있다고 해도 이 물건을 살 수 없어요. 왜냐하면 우리 돈은 1원이라는 덩어리가 가장 작은 덩어리이기 때문이에요. 따라서 우리 돈으로는 51.7원을 낼 수 있는 방법이 없어요. 그래서 돈을 많이 가지고 있다고 해도 이 물건을 사지 못하는 웃기는 일이 벌어질 것입니다.

그런데 실제 생활에서는 이런 불편이 전혀 없어요. 돈만 있으면 아무 불편 없이 물건을 마음대로 살 수 있어요. 그것은 우리가 사고파는 물건값이 1원보다 훨씬 비싸기 때문이에요. 그래서 1원을 내고 거슬러 받을 돈이 없어서 우왕좌왕하는 일은 일어나지 않지요.

양자는 에너지의 가장 작은 덩어리

플랑크는 우리가 사용하고 있는 돈처럼 에너지도 최소 단위가 있다고 주장한 거예요. 플랑크가 주장한 에너지의 최소 단위는 아주 작아요.

플랑크에 의하면 가장 작은 에너지 덩어리가 가지는 에너지의 크기는 소수점 아래에 0을 33개나 써야 될 정도로 작다는 거예요. 소수점 아래에 0을 8개 쓰면 $\frac{1}{100,000,000}$이 되거든요. 0을 16개 쓰면 $\frac{1}{100,000,000}$ 을 다시 1억 등분한 것이고요. 그런데 플랑크 상수는 소수점 아래 0이 33개나 된다는 거예요. 플랑크 상수는 가장 작은 에너지 덩어리가 가지는 에너지의 크기를 말해요.

이렇게 작은 에너지는 사람의 감각으로는 도저히 느낄 수 없을 만큼 작지요. 따라서 우리가 일상생활을 하는 동안에는 에너지의 이런 성질 때문에 불편한 일이 생기지는 않아요. 하지만 분자나 원자의 세계에서는 그렇지 않아요. 분자나 원자의 크기도 매우 작거든요. 따라서 원자 하나 분자 하나가 내놓거나 받아들이는 에너지의 양은 아주 작아요. 따라서 이런 세계에서는 에너지가 덩어리로 이루어져 있느냐 아니냐 하는 것이 아주 중요한 문제가 되지요.

플랑크는 에너지도 덩어리를 이루고 있다는 가설을 바탕으로 하여 흑체 복사의 문제를 완전히 해결했어요. 다시 말해 에너지가 덩어리를 이루고 있다고 가정하니까 어떤 물체가 어떤 온도에서 내는 전자기파의 파장과 세기를 성공적으로 설명할 수 있었다는 것이지요. 따라서 에너지도 원자들처럼 덩어리를 이루고 있다는 것을 받아들이지 않을 수 없게 되었어요.

이 에너지의 가장 작은 덩어리를 양자라고 해요. 전자나 양성자, 원자, 분자, 중성자와 같이 이름에 '자' 자가 들어가는 것들은 모두 알갱이들을 뜻해요. 따라서 양자라는 이름은 에너지 알갱이라는 뜻이지요. 돈은 1원 단위로만 주고받을 수 있는 것처럼 에너지도 이 알갱이의 정수 배로만 주고받을 수 있어요.

따라서 전자나 양성자와 같은 작은 입자들은 외부에서 오는 에너지를 언제나 받아들일 수 있는 것이 아니라 받아들일 수 있는 조건이 되었을 때만 받아들일 수 있어요. 우리처럼 큰 주머니를 차고 있을 때는 에너지가 오면 다 받아들일 수 있지만 전자나 양성자들은 주머니가 작아서 주머니에 맞지 않는 에너지는 받아들일 수 없는 것이지요.

세상에 많은 일이 일어나는 것은 서로 무엇을 주고받기 때문이에요. 화학 반응은 원자끼리 무엇을 주고받는 것이라고 말할 수 있지요. 전자와 같은 알갱이를 주고받을 수도 있지만 어떤 때는 에너지를 주고받기도 하지요. 하지만 에너지가 이렇게 덩어리를 이루고 있기 때문에 주고받는 방법이 복잡해질 수밖에 없어요. 따라서 이렇게 작은 세계에서 일어나는 일들을 이해하기 위해서는 이 세계에서는 어떤 규칙으로 에너지를 주고받는지를 이해해야 돼요. 하지만 내가 아직 학생이던 1900년대 초기에는 전자와 양성자와 같이 작은 알갱이들이 어떻게 에너지를 주고받는지를 잘 모르고 있었어요.

플랑크가 에너지는 덩어리를 이루고 있다는 것을 밝혀낸 것이 1900년의 일이었거든요. 따라서 내가 공부하고 연구하던 시대의 과학자들은 덩어리로 존재하고 주고받는 에너지를 다룰 수 있는 새로운 물리학을 만들어야 하는 과제를 안고 있었지요.

1687년에 등장한 뉴턴 역학은 자연 현상을 설명하는 데 큰 성공을 거두기는 했어요. 하지만 뉴턴 역학에서 다루는 물리량들은 모두 연속적으로 변하는 양이었어요. 따라서 뉴턴 역학으로는 양자라는 알갱이로 되어 있는 에너지를 다룰 수가 없었지요. 에너지 알갱이가 별다른 의미를 가지지 않는 큰 세계에서는 뉴턴 역학이 큰 힘을 발휘하지만 전자나 양성자와 같이 작은 세계에서는 뉴턴 역학은 아무 쓸모가 없어요.

새로운 물리학의 탄생

우리가 전자나 양성자와 같은 작은 알갱이들의 세계를 몰랐을 때는 뉴턴 역학으로 만족할 수 있었지만 이제는 그럴 수 없게 되었어요. 전자나 양성자와 같이 눈에 보이지도 않는 작은 세계의 일들을 무시하면 되지 않느냐고 생각하는 사람도 있을 거예요. 그러나 이 작은 세계에서 일어나고 있는 일들은 우리가 관측하는 자연 현상과 밀접한 관계가 있어요. 예를 들어 볼까요? 내 얼굴을 얇은 종이로 가리면 여러분은 나를 볼 수 없어요. 빛이 종이를 통과할 수 없기 때문이지요.

그러나 종이보다 훨씬 두껍고 무거운 유리로 내 얼굴을 가

리면 여러분은 내 얼굴을 볼 수 있어요. 빛이 유리를 마음대로 통과하기 때문이에요.

얇은 종이는 통과하지 못하는 빛이 두꺼운 유리는 어떻게 통과할 수 있을까요? 그것은 종이 속의 전자는 빛을 흡수할 수 있고 유리 속의 전자는 빛을 흡수하지 않기 때문이지요. 이것은 전자들 사이에서 일어나는 일이 우리의 일상생활에 직접 영향을 주는 예이지요. 이런 예는 얼마든지 있어요. 따라서 전자나 원자와 같은 작은 알갱이들 사이에서 일어나는 일을 설명할 수 있는 새로운 물리학을 만들어 내는 것은 아주 중요한 일이 되었어요.

이렇게 작은 세계에서 일어나는 일을 설명하는 물리학, 다시 말해 덩어리로 되어 있는 에너지를 다루는 물리학을 양자

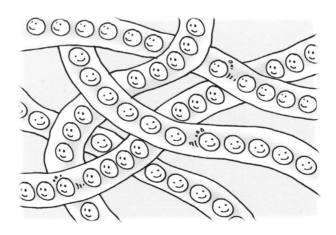

물리학이라고 해요. 에너지의 알갱이를 양자라고 부른다고 했던 것을 기억하지요? 그러니까 양자 물리학은 알갱이로 되어 있는 에너지를 다루는 물리학이라고 할 수 있지요. 20세기에 과학 기술이 크게 발전할 수 있었던 것은 양자 물리학 덕분이었다고 할 수 있어요.

원자 모형을 이야기하다가 난데없이 양자 물리학 이야기를 해서 당황했다고요? 내가 만든 원자 모형은 에너지가 알갱이로 되어 있다는 것과 밀접한 관계가 있어요. 따라서 에너지가 알갱이로 되어 있다는 사실을 알지 못하면 나의 원자 모형 이야기를 이해할 수가 없어요. 그래서 오늘은 에너지의 양자화, 다시 말해 에너지가 덩어리로 되어 있다는 이야기를 한 거랍니다. 오늘 이야기를 잘 들었다면 이제 나의 원자 모형 이야기는 쉽게 이해할 수 있을 거예요.

내 얼굴의 반은 얇은 종이로 가리고, 반은 종이보다 훨씬 두꺼운 유리로 가리면 어떻게 보이지요?

유리로 가린 부분은 얼굴이 보이고, 종이로 가린 부분은 얼굴이 보이지 않아요.

왜 얇은 종이는 통과하지 못하는 빛이 종이보다 훨씬 두꺼운 유리는 통과할 수 있는 걸까요?

글쎄요….

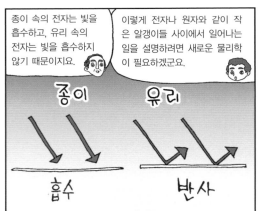

종이 속의 전자는 빛을 흡수하고, 유리 속의 전자는 빛을 흡수하지 않기 때문이지요.

이렇게 전자나 원자와 같이 작은 알갱이들 사이에서 일어나는 일을 설명하려면 새로운 물리학이 필요하겠군요.

종이   유리

흡수   반사

그래요. 작은 세계에서 일어나는 일을 설명하는 물리학을 양자 물리학이라고 하는데, 오늘날 과학 기술이 크게 발전할 수 있는 원동력이 되었지요.

양자 물리학

그렇군요.

인터넷을 이용하면 멀리 있는 정보도 쉽게 알 수 있는데, 이것은 자판을 누를 때마다 전자들이 바쁘게 돌아다니면서 일을 해내고 있기 때문이지요. 즉, 양자 물리학을 통해 전자들에게 일을 시키는 방법을 알게 된 것이지요.

컴퓨터 말씀이시군요.

내가 만든 원자 모형은 에너지가 알갱이로 되어 있다는 것과 밀접한 관계가 있지요. 따라서 에너지가 알갱이로 되어 있다는 사실을 알지 못하면 나의 원자 모형을 이해할 수 없답니다.

양자는 에너지의 가장 작은 덩어리라는 것이죠.

보어의 원자 모형

과학자들은 에너지의 값을 계산해 냈습니다.
그런데 에너지의 값은 좀 독특한 성질을 가지고 있네요.

일곱 번째 수업

보어의 원자 모형

보어가 미소를 지으며
일곱 번째 수업을 시작했다.

수소 원자의 에너지

드디어 오늘은 내가 가장 자랑스럽게 생각하는 나의 원자 모형 이야기를 할 차례로군요. 앞에서 러더퍼드가 금박 실험을 통해 원자핵이 중심에 자리 잡고 있고 그 주위에 전자가 돌고 있는 원자 모형을 만들어 냈다는 이야기를 했었지요? 그리고 이 원자 모형은 전자가 어떻게 원자핵으로 끌려 들어가지 않고 원자핵 주위를 돌고 있는지를 설명할 수 없었기 때문에 성공적인 원자 모형은 아니었다는 이야기도 했어요. 따라서 새로운 원자 모형은 전자가 양성자로 끌려 들어가지 않고 계속 원자핵을 돌고 있는 것을 설명할 수 있어야 되었어요.

나는 이 문제에 대해 오랫동안 곰곰이 연구해 보다가 한 가지 생각을 떠올렸어요. 에너지가 양자화되어 있다는 플랑크의 생각을 원자 모형에 적용해 보는 것이 어떨까 하는 생각을 하게 된 것이지요. 그러니까 원자핵 주위를 돌고 있는 전자가 모든 에너지를 가질 수 있는 것이 아니라 띄엄띄엄한 에너지만 가질 수 있다고 생각해 보기로 한 것이에요.

예를 들어 전자는 10이라는 에너지를 가지든지 20이라는 에너지는 가질 수 있지만 그 사이의 다른 에너지인 11이나 12와 같은 에너지는 가질 수 없다고 가정하자는 것이지요. 원자 주위를 돌고 있는 전자가 띄엄띄엄한 에너지만을 가진다고 하면 전자는 에너지를 잃거나 얻기가 힘들 거예요. 에너지를 잃거나 얻기 위해서는 한 에너지에서 다른 에너지로 건너뛰어야 하기 때문이지요.

계단과 경사로를 생각해 보면 이것이 무슨 의미인지 쉽게 이해할 수 있을 거예요. 계단은 평평하게 옆으로 가다가 갑자기 높아지지만 경사로는 조금씩 계속 높아져요. 계단을 올라가기 위해서는 한꺼번에 많은 에너지가 있어야 해요. 계단을 올라가기에 충분한 에너지가 없다면 조금도 올라갈 수 없어요. 그러나 비스듬한 경사로를 올라갈 때는 아주 조금만 에너지를 얻어도 그 에너지에 해당하는 만큼 경사로를 올라갈 수가 있어요.

원자 속에 있는 전자가 경사로를 올라가는 것처럼 조금씩 에너지가 필요한 것이 아니라 계단을 올라갈 때처럼 한꺼번에 많은 에너지가 필요하다고 가정하면 전자가 원자핵 주위를 계속 돌고 있는 것을 설명할 수 있을 것 같았어요.

전자가 에너지를 얻을 때와 마찬가지로 잃을 때도 조금씩 잃을 수는 없어요. 다음 계단으로 내려갈 정도로 많은 에너지를 한꺼번에 잃어야 되지요. 그런데 그런 일은 늘 일어나는 것이 아니라 어떤 조건이 만족될 때만 일어나는 일이라고 가정하면 전자는 에너지를 잃지 않고 원자핵 주위를 도는 것을 설명할 수 있어요.

나의 이런 생각이 맞는지를 확인하기 위해서는 원자 하나를 정해서 그 원자를 돌고 있는 전자들이 어떤 에너지를 가지는지, 그리고 에너지 계단의 높이는 얼마나 되는지를 계산해 보고 이 결과가 실험 결과와 일치하는지 비교해 보아야 했어요. 나는 원자 중에서 가장 작은 원자인 수소를 선택했어요. 하나의 양성자로 이루어진 원자핵 주위를 하나의 전자가 돌고 있는 수소 원자는 가장 간단한 구조를 가지고 있어서 계산하기에 편리하기 때문이었어요.

나는 우선 수소 원자를 돌고 있는 전자가 가질 수 있는 에너지를 계산해 보기로 했어요. 그러기 위해 전자는 어떤 회전 운동량의 정수 배가 되는 회전 운동량만 가질 수 있다고 가정했어요. 회전 운동량은 또 무엇이고, 에너지가 아니고 왜 하필 회전 운동량을 선택했느냐고요? 처음에는 전자가 어떤 값의 1배, 2배, 3배, … 되는 에너지만 가질 수 있다고 가정해 보았지요. 그러나 결과가 신통치 않았어요. 그래서 이것저것 다른 양들을 가지고 계산하다가 회전 운동량을 선택하게 됐어요. 회전 운동량을 선택한 데는 또 다른 이유가 있긴 하지만 그 이야기는 생략하기로 하지요.

참, 회전 운동량이 무엇이냐고요? 회전 운동량은 어떤 물체가 회전 운동을 하고 있을 때 중심에서부터의 거리에다가 물체의 질량과 속도를 곱한 양을 말해요. 회전 운동량은 에너지가 아니지만 회전 운동량을 알면 에너지를 계산해 낼 수 있지요. 어쨌든 수소 원자 속에 있는 전자는 모든 회전 운동량을 가질 수 있는 것이 아니라 어떤 기본적인 양의 1배, 2배, 3배, … 와 같은 회전 운동량만 가질 수 있다고 가정하니까 이 값으로부터 전자가 가질 수 있는 에너지를 계산할 수 있었어요.

내 계산에 의하면 수소 원자핵을 돌고 있는 전자가 가질 수 있는 가장 작은 에너지는 −13.6eV(전자볼트)였어요. 전자볼트라는 것은 아주 작은 에너지를 나타낼 때 사용하는 에너지의 단위예요. 1eV는 $1.6×10^{-19}$J(줄)을 나타내지요. 이것은 전자 하나가 1V의 전압에 의해 가질 수 있는 에너지로, 1J의 $\frac{1}{100,000,000}$ 을 다시 1억 등분한 후에 그것의 $\frac{1}{1,000}$ 을 취한 양과 비슷한 양의 에너지예요. 그러니까 원자나 전자가 가지는 에너지를 나타낼 때는 유용하게 사용할 수 있는 단위지만 우리 일상생활에서는 사용할 수 없을 정도로 작은 에너지를 나타내지요.

그리고 에너지 값 앞에 마이너스 부호(−)가 붙은 것은 원자핵과 전자 사이에 인력이 작용하기 때문이에요. 원자핵과 전자를 멀리멀리 떼어 놓아 자유롭게 다닐 수 있도록 하기 위해서는 밖에서 에너지를 가해 주어야 되거든요. 마이너스 부호는, 전자를 자유롭게 하기 위해서는 이만큼의 에너지를 공급해 주어야 한다는 의미라고 볼 수 있어요. 그러니까 −10eV라는 것은 전자를 자유롭게 하는 데 10eV의 에너지가 필요하다는 뜻이고, −5eV라는 것은 전자를 자유롭게 떼어 놓는데 5eV의 에너지가 필요하다는 뜻이지요. 그러니까 −5eV의 에너지가 −10eV의 에너지보다 5eV만큼 큰 에너지예요.

수소 원자 안에 있는 전자가 가질 수 있는 에너지의 최솟값이 −13.6eV라는 계산 결과를 얻었다고 했지요? 그러면 이 에너지보다 조금 더 큰 에너지는 얼마나 될까요? 내 계산에 의하면 다음번 에너지는 −13.6/4eV였어요. 다음번 에너지는 −13.6/9eV였고요. 그렇다면 다음은 얼마일까요?

−13.6/16eV 아니겠어요? 다음번 에너지는 −13.6/25eV일 테고요. 수소 원자 속에 있는 전자들의 에너지 계단은 참 이상한 모양을 하고 있지요?

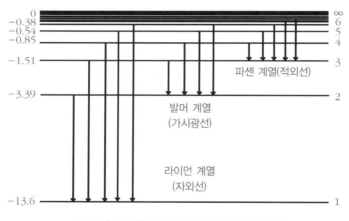

보어의 원자 모형에 의한 수소 원자의 에너지 준위

위 그림과 같은 에너지 계단을 에너지 준위라고 불러요. 때로는 번호를 붙여 부르기도 하지요. 에너지 준위의 번호를 붙일 때는 아래층에서부터 차례로 1부터 번호를 붙여 나가요. 그러면 n번째 계단, 즉 n번째 에너지 준위의 에너지는 $-13.6/n^2 eV$가 된다는 것을 알 수 있어요.

수소 원자 호텔

수소 원자 내에서 전자가 가질 수 있는 에너지 준위는 호텔을 이용하면 더 쉽게 이해할 수 있어요. 수소 원자 속에 전자가 머물 수 있도록 마련된 호텔은 층마다 높이가 다른 아주 이상한 모양을 하고 있는 호텔이에요.

1층의 높이는 다른 모든 층의 높이를 합한 것보다 높아요. 그리고 2층의 높이는 그 위에 있는 층들의 높이를 다 합한 것보다 높고요. 3층의 높이는 4층보다 높은 모든 층의 높이를 합한 것보다 높지요. 다시 말해 이 건물은 위로 올라갈수록 층의 높이가 낮아지는 그런 건물이에요. 자, 이 수소 원자 속에 있는 호텔의 모습이 상상이 가나요? 그 작은 수소 원자 속에 전자들을 위해 멋진 호텔이 준비되어 있었던 거지요.

여기서 퀴즈를 하나 내 볼까요? 옥상에서부터 가장 아래층까지의 높이가 13.6eV인 수소 원자 호텔은 몇 층까지 있을까요? 답은 셀 수 없이 많은 층이 있다는 거예요. 답을 정확하게 맞힌 사람 있나요? 어떻게 한정된 높이에 그렇게 많은 층을 지을 수 있느냐고요? 그것은 이 호텔의 이상한 모습 때문이에요. 위로 올라갈수록 층 사이의 높이가 빠르게 줄어들거든요. 그래서 나중에는 층의 높이가 너무 낮아 층을 구분하기 힘들 정도로 층이 다닥다닥 붙게 되지요. 따라서 좁은 공간에 층을 무한히 많이 만들 수 있어요.

그런데 더 재미있는 것은 이 호텔의 층의 높이를 잴 때는 항상 옥상부터 아래로 내려가면서 잰다는 것이지요. 그러니까 옥상 층의 높이는 0이고 아래층의 높이는 옥상에서부터의 거리로 나타내는데 앞에다 마이너스(-) 기호를 붙여요. 그리고 높이를 나타내는 단위는 eV이고요. 그래서 가장 아래층의 높이는 -13.6eV예요. 2번째 층의 높이는 $-\dfrac{13.6}{4}eV$, 다시 말해 약 -3.4eV예요. 아래에서 3번째 층의 높이는 $-\dfrac{13.6}{9}eV$니까 약 -1.5eV 정도 되는군요. 하나 더 계산해 볼까요? 아래에서부터 4번째 층의 높이는 $-\dfrac{13.6}{16}eV$ 즉 -0.85eV지요.

전자는 수소 원자 호텔의 어떤 층에도 들어갈 수 있어요. 하지만 층과 층 사이에는 절대로 있을 수 없어요. 호텔에 와서 방에 묵지 않고 층 사이의 벽에 매달려 있어서야 되겠어요? 그리고 어떤 층에서 다른 층으로 가려면 층 사이의 높이에 해당하는 에너지를 받아들이거나 내놓아야 해요. 같은 층에서는 아무리 돌아다녀도 에너지를 잃거나 얻지 않아요.

높은 층에 있는 전자는 아래층으로 내려가면서 에너지를 밖으로 내놓을 수 있는데 이때 에너지는 빛의 형태로 나오게 되지요. 물론 아래층의 전자가 위층으로 올라가려면 빛을 흡수해야 되고요.

그러나 가장 아래층에 있는 전자는 더 이상 내려갈 곳이 없어요. 따라서 이런 전자는 에너지를 잃을 수가 없어요. 그래서 전자가 에너지를 잃고 원자핵으로 끌려 들어가는 일은 일어날 수 없어요.

참, 그리고 하나 꼭 알아 두어야 할 것이 있어요. 그것은 이 수소 원자 호텔에는 기막힌 엘리베이터가 설치되어 있어서 전자들이 위나 아래로 올라가거나 내려갈 때 한 층씩 올라가거나 내려갈 필요는 없다는 것이에요. 다시 말해 1층에서 3층 또는 6층으로 단번에 올라갈 수도 있고 5층에서 2층 또는 1층으로 단번에 내려갈 수도 있어요. 그래도 최신식 원자 호텔인데 이 정도의 시설은 있어야 하지 않겠어요?

전자가 아래층에서 위층으로 올라가기 위해서는 빛을 흡수해야 하고 위층에서 아래층으로 내려올 때는 밖으로 빛을 내지요. 그렇다면 수소 원자 속의 전자가 내거나 흡수할 수 있는 빛은 어떤 종류가 있을까요? 그거야 당연히 각 층의 높이 차이에 해당하는 에너지를 가진 빛을 내거나 흡수하겠지요. 그러니까 각 층의 높이 차이를 계산해 보면 수소가 내는 빛의 종류를 알 수 있을 거예요.

지금까지의 이야기가 그럴듯한가요? 그러나 아무리 이야기가 그럴듯해도 실험 결과와 일치하지 않으면 아무 소용없어요. 어떤 이론이나 모형이 맞는 것이냐 틀린 것이냐를 결정하는 것은 실험 결과거든요. 그렇다면 어떤 실험을 하면 이 원자 모형이 틀렸는지 맞았는지 알 수 있을까요? 그거야 수소 원자가 내는 빛을 조사해 보면 알 수 있겠지요.

원자가 내는 빛을 분광기를 통해 여러 가지 파장의 빛으로 나누어 보면 선 스펙트럼을 이룬다는 것은 앞에서 이야기했었지요? 원자가 내는 빛이 선 스펙트럼을 이룬다는 것은 원자가 내는 빛이 모든 파장의 빛을 포함하고 있는 것이 아니라, 띄엄띄엄 떨어져 있는 선으로 나타나는 빛만을 낸다는 뜻이에요.

앞에서 음극선관 이야기를 할 때 음극선관에 공기를 뺀 후 특정한 기체를 조금 넣고 전기를 통하면 원자가 고유한 빛을 낸다는 이야기를 했던 것도 기억할 거예요. 발머라는 고등학교 선생님이 수소 원자가 내는 빛의 파장이 일정한 규칙을 이룬다는 것을 발견했다는 이야기도요. 그러니까 이미 많은 실험을 통해 수소 원자가 내는 빛에 대해선 잘 알려져 있었어요. 그렇다면 이제 나의 수소 원자 모형이 내는 빛과 실제 수소 원자가 내는 빛을 비교하면 나의 원자 모형이 틀렸는지 맞았는지 알 수 있겠군요.

내가 만들어 낸 수소 원자 호텔은 각 층의 높이가 이상했던 것을 기억하고 있나요? 1층의 높이가 가장 높기 때문에 위층에 있는 전자들이 1층으로 떨어질 때 가장 큰 에너지를 가진 빛들이 나와요. 그래서 1층으로 떨어질 때 나오는 빛은 모두 에너지가 큰 자외선이에요. 다음으로 2번째 층으로 떨어질 때 나오는 빛은 우리 눈으로 관측할 수 있는 가시광선이에요. 발머 선생님이 연구한 것이 바로 이 빛이었지요. 3번째 층으로 떨어질 때 나오는 빛은 에너지가 작은 적외선이구요. 나의 모형에 의하면 수소 원자에서 나오는 빛은 이렇게 종류에 따라 계열을 이루고 있어야 해요.

수소 원자의 스펙트럼 계열

그런데 실험 결과에서도 나의 원자 모형이 예측한 것과 똑같이 수소 원자에서 나오는 빛들이 몇 가지 계열을 이루고 있었어요. 계열이란 스펙트럼선이 여러 개씩 모여 있는 것을 말해요. 스펙트럼 계열은 발견한 사람의 이름을 따서 라이먼 계열, 발머 계열, 파셴 계열 등으로 불리는데 라이먼 계열은 자외선, 발머 계열은 가시광선, 파셴 계열은 적외선이에요. 그 밖에도 에너지가 작은 여러 개의 스펙트럼 계열이 발견되었어요. 이런 스펙트럼 계열을 발견한 사람들은 왜 수소 원자에서 나오는 빛이 이렇게 계열을 이루고 있는지 설명할 수는 없었어요.

그런데 이제 나의 원자 모형으로 왜 이런 빛들이 나오는지 그리고 빛들이 왜 계열을 이루는지 알게 된 거예요. 라이먼 계열은 전자가 가장 아래층으로 떨어질 때 내는 빛들이었고, 발머 계열은 2번째 층으로 떨어질 때 나오는 빛이었으며, 파셴 계열은 3번째 층으로 떨어질 때 나오는 빛이었던 것이지요. 수소 원자 호텔에는 전자가 들어갈 수 있는 층이 이외에도 많기 때문에 수소 원자가 내는 빛은 이 3가지 계열 외에도 더 많은 계열이 있었던 거예요.

결국 내가 제안했던 원자 모형은 전자가 원자핵 속으로 끌려들어 가지 않는 이유는 물론, 수소가 내는 빛의 종류를 모두 예측하고 설명해 내는 데 성공했어요. 러더퍼드의 원자 모형에다 에너지는 양자화되어 있다는 플랑크 가설을 접목시켜 만들어 낸 나의 원자 모형은 대성공을 거둔 것이지요. 그것은 참으로 대단한 일이었어요.

나는 지금도 1914년에 이 원자 모형을 완성했을 때의 기쁨을 잊을 수 없어요. 세상의 누구도 알지 못했던 사실을 처음으로 알아냈을 때 느끼는 기쁨은 다른 어떤 곳에서 얻을 수 있는 기쁨보다 크거든요. 과학자들이 연구실에서 밤을 새워 가면서 연구하는 것은 이런 기쁨을 맛보기 위한 것이라고 할 수 있어요.

나는 가장 간단한 원자인 수소를 이용해 몇 가지 수학적 계산을 했고 그 결과가 실험 사실과 일치한다는 것을 확인했어요. 그것은 수소 원자 내의 전자들은 모든 에너지를 가질 수 있는 것이 아니라 띄엄띄엄 떨어진 값의 에너지만을 갖는다는 것을 확인한 것이지요. 이것으로 에너지는 덩어리로 되어 있다는 플랑크의 가설이 원자 내의 전자가 가지는 에너지에도 적용된다는 것이 확실해졌지요. 수소 원자보다 큰 원자에는 원자핵 주위를 돌고 있는 전자가 많기 때문에 전자들이 어떤 에너지를 가지는지를 수학적으로 계산할 수는 없었어요. 하지만 이런 원자에서도 전자들이 모든 에너지를 가지지 않으리라는 것은 쉽게 예측할 수 있어요. 따라서 다른 원자들이 내는 빛도 선 스펙트럼을 이루게 되지요.

온도가 낮은 기체에 햇빛과 같이 모든 빛을 가진 빛을 통과시키면 기체가 빛을 흡수해요. 이때 흡수하는 빛의 종류는 이 기체가 높은 온도에서 내는 빛과 같아요. 왜 그럴까요? 위층에 있는 전자가 내려올 때는 빛을 내지만 아래층에서 위층으로 올라갈 때는 빛을 흡수한다고 했잖아요. 그런데 층 사이의 높이는 항상 일정하니까 높은 온도일 때 자기가 내는 빛을 낮은 온도에서는 흡수하겠지요.

그래서 온도가 낮은 기체를 통과한 햇빛에는 검은 선들이 나타나지요. 이런 것을 흡수 스펙트럼이라고 해요. 나의 원자 모형을 이용하면 이렇게 흡수 스펙트럼이 생기는 이유도 잘 설명할 수 있어요.

흡수 스펙트럼

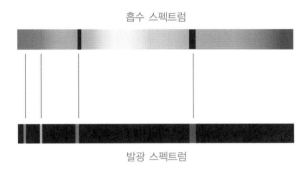

발광 스펙트럼

그러나 성공의 기쁨은 잠시였어요. 나의 원자 모형도 완전하지 않다는 것이 밝혀지기 시작했기 때문이에요. 그래서 나의 원자 모형은 양자 역학적 원자 모형에게 자리를 물려주어야 했어요. 하지만 양자 역학적 원자 모형을 만드는 일에 나도 참여했으니까 나의 원자 모형이 사라지는 것이 그리 섭섭하지는 않았어요. 사실 나는 양자 물리학이라는 새로운 물리학과 양자 물리학을 이용하여 양자 역학적 원자 모형을 만드는 일에 중요한 역할을 했거든요.

정말 본격적인 원자 모형 이야기가 시작되니까 재미있나요? 어렵다고요? 몇 가지 숫자와 새로운 용어 몇 개를 소개하긴 했지만 여러분 정도라면 문제 없을 거라고 생각해요. 원자 호텔 모습이 워낙 별났던 것은 나도 어쩔 수 없는 일이었어요. 하지만 늘 보던 건물만 보는 것보다 훨씬 멋있지 않았어요? 양자 역학적 원자 모형에서도 이 호텔은 다시 등장해요. 거기에 나오는 호텔도 겉모습은 내가 만든 호텔과 아주 비슷해요. 하지만 내부 구조는 전혀 다르지요. 내가 만들었던 원자 호텔은 한 층에 방 하나씩 있는 간단한 모습이었거든요. 자 그럼, 더 멋있는 원자 호텔을 기대하면서 오늘 수업은 여기서 마칠까요?

과학자의 비밀노트

분광기

과학자들은 어떤 물질의 스펙트럼을 분석하여 성분 원소, 분자 구조, 화합물의 종류 등을 알아 낸다. 이때 빛의 스펙트럼을 분석하기 위해 사용하는 장치를 분광기라고 한다. 분광기의 일반적인 구조는 입사 슬릿으로 들어온 빛을 렌즈 또는 오목 거울로 평행한 빛살로 만들어 프리즘이나 회절 격자에 입사시킨 후 여기서 나오는 투과광 또는 회절광을 오목 거울을 통하여 결상 (어떤 물체에서 나온 광선 따위가 반사 굴절 한 다음 다시 모여서 그 물체와 닮은 꼴의 상(像)을 만드는 일)하도록 되어 있다.

당신의 원자 모형이 옳은지 그른지 어떻게 알 수 있지요?

나의 수소 원자 모형이 내는 빛과 실제 수소 원자가 내는 빛을 비교 실험해 보면 되지요.

실험 결과를 보면 나의 원자 모형으로 예측한 것과 똑같이 수소 원자에서 나오는 빛들이 몇 가지 계열을 이루고 있어요. 계열이란 스펙트럼 선이 여러 개씩 모여 있는 것을 말하지요.

어떤 계열들이 있나요?

수소

자외선 영역에 해당하는 라이먼 계열, 가시광선 영역에 해당하는 발머 계열, 적외선 영역에 해당하는 파셴 계열이 있어요. 그런데 이를 발견한 사람들은 왜 수소에서 나오는 빛이 계열을 이루는지 설명하지 못했어요.

그것이 당신의 원자 모형으로는 설명이 가능했던 것이군요.

$n = \infty$
$n = 5$
$n = 4$
$n = 3$
$n = 2$
$n = 1$

파셴 계열
(적외부)

발머 계열(가시부)

라이먼 계열   수소 원소의 스펙트럼
(자외부)

네, 그래요. 내가 제안한 원자 모형은 러더퍼드의 원자 모형에다 에너지는 양자화되어 있다는 플랑크 가설을 접목시켜 만든 것인데 대성공이었지요.

참으로 대단한 일이었군요.

보어의 원자 모형
= 러더퍼드의
원자 모형 + 플랑크의 가설

지금도 1914년에 이 원자 모형을 완성했을 때의 기쁨을 잊을 수 없어요. 과학자들이 밤을 새워 가면서 연구하는 것은 이런 기쁨을 맛보기 위한 것이죠.

맞아요. 나도 매일 밤을 새워 가면서 연구를 하고 있지요.

그러나 나의 원자 모형은 곧 양자 역학적 원자 모형에게 자리를 물려주어야 했지요. 하지만 양자 역학적 원자 모형을 만드는 일에 나도 참여했으니까 그리 섭섭하지는 않아요.

그래도 조금 아쉽군요.

8

양자 물리학의 등장

양자 물리학은 무엇을 연구하는 학문일까요?
자연 법칙을 수학적으로 계산할 수 있을까요?

여덟 번째 수업
양자 물리학의 등장

보어가 양자 역학적 모형 이야기로
여덟 번째 수업을 시작 했다.

덩어리로 이루어진 에너지

원자 모형 이야기도 어느새 막바지에 도달했군요. 이제 양
자 역학적 원자 모형 하나만 남았거든요. 그러나 양자 역학적
원자 모형 이야기를 하기 위해서는 우선 양자 물리학이 무엇
인지 설명해야 해요. 앞에서 플랑크 이야기를 하면서 양자 물
리학 이야기를 슬쩍 비쳤기 때문에 양자 물리학이 무엇을 연
구하는 물리학인지 대충 짐작을 하는 사람도 있을 거예요.

플랑크는 흑체 복사 문제를 해결하면서 에너지가 덩어리를 이루고 있다는 것을 발견했어요. 그런데 사실은 에너지만 덩어리로 되어 있는 것이 아니에요. 에너지와 관계되어 있는 모든 물리량도 다 같이 덩어리를 이루고 있지요.

덩어리를 이루고 있다는 것은 더 이상 작게 나눌 수 없는 가장 작은 단위가 있다는 뜻이에요. 질량이나 속도, 가속도, 운동량, 회전 운동량과 같은 물리량도 일정한 조건하에서는 그 조건을 만족시키는 값만을 가져야 한다는 것이지요. 그러니까 모든 양들이 조금씩 늘어나거나 줄어드는 것이 아니라 껑충껑충 뛰어서 늘어나거나 줄어든다는 거예요.

만약 우리가 작아져서 원자 세계에 들어가 본다면 그곳에는 참으로 이상한 일들이 벌어지고 있는 것을 볼 수 있을 거예요. 길에 떨어진 전자를 발로 차도 전자는 꿈쩍도 않을 거예요. 세게 차다 보면 가만히 있던 전자가 어느 순간 갑자기 쌩하고 달아날 거예요. 처음에는 내 발길질의 에너지가 너무 작아 전자가 받아들일 수 없었던 거지요. 그러다가 발길질의 에너지가, 전자가 받아들일 수 있는 에너지가 되니까 갑자기 에너지를 흡수하여 달아난 거예요.

원자의 세계에서는 길에 달리는 자동차들도 심하게 덜커덩거리며 달릴 수밖에 없을 거예요. 속도가 조금씩 증가하는 것이 아니라 계단식으로 증가하기 때문이지요.

에너지를 비롯한 물리량들이 양자화되어 있다는 플랑크의 주장은 내가 제안했던 수소 원자 모형이 수소가 내는 빛의 종류를 성공적으로 설명해 냄으로써 다시 확인되었어요. 그렇다면 이제 물리량이 덩어리로만 존재하고, 주고받을 수 있다는 것을 받아들이지 않을 수 없게 되었어요. 그런데 문제는 이렇게 덩어리로 존재하는 물리량을 다룰 수 있는 물리학이 없다는 거였어요.

그래서 독일의 보른(Max Born, 1882~1970)과 하이젠베르크, 이탈리아의 페르미(Enrico Fermi, 1901~1954)오스트리아의 슈뢰딩거(Erwin Schrödinger, 1887~1961)를 비롯한 많은 과학자들이 새로운 물리학을 만드는 일에 매달렸어요. 나 또한 코펜하겐 대학에서 이 일에 온힘을 기울였지요. 뉴턴 역학은 연속적으로 변하는 물리량만을 다루기 때문에 전자나 원자의 세계에서 일어나는 일을 설명하는 데는 역부족이었어요. 따라서 뉴턴 역학이 아닌 전혀 다른 곳에서 해답을 찾아야 되었지요. 그런데 해결의 실마리는 전혀 뜻밖의 곳에서 발견되었어요.

빛은 알갱이인 동시에 파동

과학자들은 오랫동안 빛이 알갱이인가 아니면 에너지의 흐름인 파동인가를 가지고 논란을 벌였어요. 1600년대부터 시작된 논란이었으니까 역사가 깊은 논란이었지요. 그러나 1860년대, 그러니까 내가 태어나기 20여 년 전쯤에 빛은 파동 중에서도 전자기파라고 결론이 내려져 있었어요. 그런데 1905년에 아인슈타인(Albert Einstein, 1879~1955)이 광전 효과에 관한 논문에서 빛이 알갱이라고 주장을 했어요. 1905년은 아인슈타인이 특수 상대성 이론을 발표한 해이기도 해요.

광전 효과란 금속에 빛을 쪼이면서 이때 튀어나오는 전자의 수와 전자의 에너지를 조사하는 실험이에요. 이 실험을

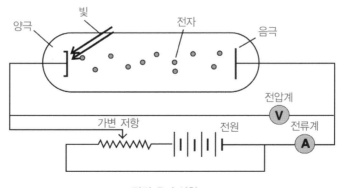

광전 효과 실험

자세하게 살핀 아인슈타인은 빛과 전자가 마치 당구공이 충돌하듯이 서로 충돌한다는 사실을 알아냈지요. 다시 말해 빛도 아주 작은 알갱이라는 것이지요.

빛이 알갱이라는 주장은 예전에도 있었지만 빛이 파동이라는 여러 가지 증거들이 밝혀지면서 자취를 감추었거든요. 그런데 이제 다시 빛이 알갱이라는 주장이 나온 거예요. 그렇다고 빛이 파동이라는 증거들이 없어진 것도 아니에요. 빛이 파동이라는 증거들은 아직 그대로 있는데 다시 빛이 알갱이라는 증거들이 발견된 것이지요. 아인슈타인의 이런 주장은 다른 사람의 실험으로도 확인되었어요. 그러니 빛이 알갱이라는 사실도 받아들이지 않을 수 없게 되었어요.

그런데 이 문제를 해결한 사람이 나타났어요. 프랑스의 드브로이(Louis de Broglie, 1892~1987)라는 사람이었어요. 모든 사람들이 빛은 알갱이일까 아니면 파동일까 하고 고민하고 있을 때 드브로이는 전혀 다른 주장을 했지요. 빛은 알갱이면서 파동이라는 거예요.

여러분도 파동을 많이 보았잖아요? 물결이 치는 것도 파동이고 소리가 전달되는 것도 파동이에요. 파동은 물질의 움직임을 통해 에너지가 전달되는 것이지요. 그런데 빛이 파동도되고 알갱이도 된다는 것이 말이나 되겠어요? 그래서 처음에는 말도 안 되는 소리라고 무시하려고 했지요.

그런데 드브로이는 한술 더 떴어요. 빛만 파동과 입자의 2가지 성질을 가지는 것이 아니라 전자나 양성자 같은 알갱이들도 파동의 성질을 함께 가진다고 주장한 거예요. 처음에는 점점 더 말도 안 되는 이야기를 한다고 수군댔지요.

그런데 전자를 가지고 실험한 과학자들이 전자가 파동의 성질을 나타낸다는 것을 확인했어요. 그러니 드브로이의 주장을 믿을 수밖에 없게 되었지요. 우리는 일상생활에서 자연을 경험하고 알아 가지요. 우리가 자연을 알아 가는 도구는 우리의 감각이에요. 시각이나 청각, 미각, 후각, 촉각이 그것이지요. 그런데 전자나 양성자와 같이 작은 세계로 들어가면 우리가 일상생활을 통해 경험하는 것과는 전혀 다른 일이 일어난다는 거예요. 에너지를 비롯한 물리량이 덩어리로 되어 있다는 것도 그런 것이잖아요. 드브로이의 말도 안 되는 것처럼 보이던 이야기가 덩어리로 되어 있는 물리량을 다루는 길을 열어 주었어요.

파동에는 띄엄띄엄한 물리량이 자주 등장하거든요. 기타의 줄을 퉁겨 보세요. 여러 가지 음이 나올 거예요. 그러나 모든 종류의 소리는 아니에요. 기타의 줄의 길이와 팽팽한 정도에 따라 하나의 줄에서 나올 수 있는 소리의 종류는 몇 가지로

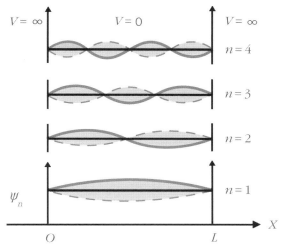

$V = \infty$ $V = 0$ $V = \infty$

$n = 4$

$n = 3$

$n = 2$

ψ_n $n = 1$

O L X

줄의 진동에 의한 파동의 파장은 띄엄띄엄한 값을 갖는다.

한정되지요. 피아노의 현도 마찬가지예요. 관악기의 경우에도 관의 길이에 따라 나올 수 있는 음이 몇 가지로 한정돼요. 파동의 세계에서는 이렇게 띄엄띄엄한 값들이 자주 등장해요. 따라서 전자와 양성자와 같은 작은 입자들을 파동으로 다루면 이 알갱이들이 가지는 띄엄띄엄한 물리량들을 다룰 수 있을지도 모른다는 생각을 하게 된 거예요.

이 일에 앞장섰던 사람은 나의 제자이기도 했던 독일인 하이젠베르크였어요. 오스트리아의 슈뢰딩거는 또 다른 방법으로 이 입자들을 파동을 이용하여 다루는 방법을 연구하고 있었어요. 그리고 그 결과는 성공적이었어요. 파동을 다루는 수학적인 방법을 이용하여 전자나 양성자를 다룰 수 있는 방법을 알아낸 것이지요. 드디어 양자 물리학이 탄생한 것이에요. 그러니까 양자 물리학이란 띄엄띄엄한 물리량을 파동을 이용하여 다루는 물리학이라고 할 수 있어요.

덩어리와 확률의 물리학

전자나 양성자를 다룰 수 있게 되었다는 것은 무슨 뜻일까요? 그것은 전자나 양성자의 현재 상태를 알면 미래 상태를 예측할 수 있다는 것을 뜻해요. 자연 과학이라는 것도 알고 보면 자연 법칙을 이용해 미래를 예측하려는 것이거든요. 그런데 새로 만든 양자 물리학에서는 뉴턴 역학과는 전혀 다른 문제가 있었어요. 뉴턴 역학에서는 방정식을 풀면 항상 하나의 답이 나왔어요. 그래서 방정식을 풀기만 하면 앞으로 어떻게 될지를 예측하는 것은 쉬운 일이었어요.

그런데 새로 만든 양자 물리학 방정식을 풀면 하나의 답이 얻어지는 것이 아니라 여러 답이 나왔어요. 그러니 전자가 어떻게 행동할지 어떻게 예측할 수 있겠어요? 이런 문제를 해결하는 방법을 제시한 사람은 독일인 보른이었어요. 보른은 독일 괴팅겐 대학의 교수였는데, 보른 밑에는 양자 물리학을 연구하는 많은 사람들이 모여들었어요. 그래서 그들을 괴팅겐 학파라고도 부르지요.

나도 코펜하겐에 양자 물리학을 연구하기 위한 연구소를 개설했어요. 그래서 그 당시에는 양자 물리학을 연구하기 위해서는 괴팅겐 대학으로 가서 보른의 지도를 받든가 아니면 코펜하겐으로 와서 나의 지도를 받든가 해야 했어요. 양자 물리학을 완성시키는 데 큰 공헌을 한 하이젠베르크도 처음에는 괴팅겐 대학에서 보른의 지도를 받다가 나에게로 온 사람이었어요.

보른이 제안한 것은 양자 물리학의 식을 풀어서 얻어지는 여러 가지 해 중에서 어떤 해를 선택할 것인지를 나타내는 확률을 계산하는 방법이었어요. 뉴턴 역학 시대에는 길이 하나밖에 없었어요. 그래서 길이 밝혀지면, 다시 말해 방정식의 해가 구해지면 그 길로 가면 되었어요.

그러나 양자 물리학에는 여러 가지 길이 있고 전자들이 여러 가지 길 중에서 어떤 길로 갈지는 확률적으로밖에 알 수 없다는 거지요. 자연 과학이란 항상 확실해야 되는 거잖아요. 그런데 확률로 계산한다니 참 이해할 수 없는 일이지요?

당시의 과학자들은 이 문제를 토론하기 위해 내가 있던 코펜하겐으로 모여들었어요. 우리는 연구소에서 여러 가지 문제에 대해 열띤 토론을 벌였어요. 물리학에 대한 토론을 했지만 때론 철학에 관한 토론이 되기도 했지요. 물리학에서 관측한다는 것이 무슨 의미인가, 파동과 입자의 이중성이란 무엇이며, 확률적인 해석의 의미는 무엇인가와 같은 토론이었지요.

이런 토론의 과정을 통해 양자 물리학에 대한 기본 개념이 확립되었어요. 그 이야기를 자세하게 할 수 없는 것은 자세히 이야기하다 보면 우리 모두 길을 잃어버리지 않을까 염려되기 때문이에요. 이렇게 코펜하겐에서의 토론을 통해 확립한 양자 물리학의 기본 개념을 코펜하겐 해석이라고 부르고, 이것은 양자 물리학의 핵심적인 내용이 되었지요. 이제 내가 양자 물리학 발전의 중심 역할을 했다는 말의 의미가 무엇인지 알겠지요?

그러니까 이제 양자 물리학은 띄엄띄엄 덩어리로 존재하는 물리량을 파동 함수를 이용해 다루고, 확률적으로 해석하는 물리학이라고 할 수 있게 되었어요. 그런데 이런 물리학을 싫어하는 사람이 나타났어요. 그것은 놀랍게도 양자 물리학이 태어나는 데 중요한 역할을 했던 플랑크와 아인슈타인이었어요. 그들은 자연 법칙이 확률의 법칙으로 나타나는 것은 말도 안 된다고 생각했어요. 특히 아인슈타인은 그런 생각이 강했지요.

보어와 아인슈타인

아인슈타인과 나는 1927년 10월 24일 벨기에의 수도 브뤼셀에서 개최된 제5차 솔베이 회의에서 역사적으로 유명한 논쟁을 벌였어요. 1911년부터 개최되어 온 이 회의는 물리·화학계의 중요한 쟁점들을 다뤄 온 중요한 회의였어요.

제5차 회의의 주제는 당시 급격히 발전하기 시작한 양자 역학에 대한 토론이었어요. 당시 양자 역학을 연구하던 거의 모든 학자들이 연사로 나서서 강연을 했지요. 영국의 브래그 (William Bragg, 1862~1942), 미국의 콤프턴(Arthur Compton, 1892~1962), 프랑스의 드브로이, 독일의 보른과 하이젠베르크, 오스트리아의 슈뢰딩거와 같은 사람이 강연을 했으니 참으로 대단한 회의였지요. 모두들 이미 노벨상을 받았거나 후에 받게 될 사람들이었어요.

그러나 이렇게 대단한 학자들의 강연에도 불구하고 이 회의의 최대 화제는 나와 아인슈타인의 논쟁이었어요. 아인슈타인은 양자 역학의 확률적인 해석을 아주 못마땅하게 생각하고 있었거든요. 그는 자연 현상이 확률의 지배를 받으면 어떤 물체가 관측되지 않을 수도 있고, 또 모든 곳에서 관측되지 않을 수도 있는 것이 되어 세상에 확실한 것은 하나도 없다는 말이 될 것이라고 생각했어요. 아인슈타인은 이렇게 상식에 어긋나는 양자 역학은 불완전한 이론이라고 생각했어요.

아인슈타인은 그의 생각을 "신은 주사위 놀이를 하지 않는다."라는 유명한 말로 표현했어요. 신이란 자연 법칙을 나타내고 주사위 놀이란 확률을 의미하는 것이었지요. 이 말을 듣고 나는 아인슈타인에게 "신이 주사위 놀이를 하든 말든 당신이 상관할 바가 아니다."라고 반박했어요. 오히려 "신이 왜 주사위 놀이를 하는지를 생각해 보라."고 충고했지요.

그러나 아인슈타인은 쉽게 포기하지 않았어요. 아인슈타인은 매일 아침 양자 물리학이 부적절하다는 것을 보여 주는 문제를 냈어요. 그런데 저녁 무렵이면 나는 어김없이 그 문제의 해결책을 찾아서 보여 주었지요. 아인슈타인은 계속 문제를 냈고, 나는 계속 그 문제들을 해결하거나 그가 낸 문제의 문제점을 지적했지요. 이러한 논쟁은 제5차 솔베이 회의가 열린 6일 동안 계속됐어요. 그러니 사람들이 강연보다도 나와 아인슈타인의 논쟁에 더 흥미를 느낀 것은 당연했겠죠. 이 논쟁은 이 회의에서 끝나지 않고 이후 30여 년 동안 계속됐어요.

사람들은 모든 것을 부풀려 말하는 것을 좋아해요. 그래서 나와 아인슈타인과의 논쟁은 사실보다 많이 부풀려져 있어요. 우리가 양자 물리학의 해석을 놓고 논쟁을 벌인 것은 사실이지만 개인적으로는 가까이 지냈거든요.

아인슈타인과 나는 제2차 세계 대전 동안 미국 프린스턴 대학 구내에 있던 고등 과학 연구소에서 같이 지냈어요. 그래서 자주 서로를 방문하고 이야기를 나누기도 했지요. 특히 원자력은 평화로운 목적으로만 사용해야 한다는 데 의견을 같이 했지요. 그러니까 양자 물리학의 해석을 놓고 논쟁을 벌였다고 해서 나와 아인슈타인이 서로 사이가 나빴었다고 오해하지 않았으면 좋겠어요.

사실 아인슈타인과 나는 1922년에 노벨상을 같이 받기도 했어요. 원래 아인슈타인은 나보다 1년 전인 1921년에 광전 효과에 관한 연구 업적을 인정받아 노벨상 수상자로 선정되었어요. 하지만 수상식이 1년이나 연기되어, 1922년에 나와 함께 받게 된 것이지요. 이것이 모두 나와 아인슈타인의 인연 때문이 아니겠어요?

사실 1879년에 태어난 아인슈타인은 1885년에 태어난 나보다 여섯 살이 많아 6년 선배라고 할 수 있지요. 인생에서는 6년 선배였지만 학문 분야에서는 대선배였어요. 내가 아직 학생이던 1905년에 아인슈타인은 특수 상대성 이론과 광전 효과에 대한 논문을 발표했으니까요. 그래서 나와 아인슈타인의 논쟁을 다윗과 골리앗의 논쟁이라고 부르는 사람도 있어요. 아인슈타인은 골리앗이고 나는 다윗이라는 것이지요.

하지만 나는 이런 비유를 좋아하지 않아요. 우리는 적이 아니었으니까요.

자연 과학을 확률적으로 해석하는 양자 물리학은 아인슈타인의 염려와는 달리 큰 성공을 거두었어요. 그때까지는 전혀 해석할 수 없었던 많은 문제들을 해결했으니까요. 사실 우리가 전자를 마음대로 부릴 수 있는 것도 모두 양자 물리학 덕

분이에요. 양자 물리학의 이야기에는 재미있는 이야기들이 참 많아요. 하지만 우리의 이야기 주제는 원자 모형 이야기이니까 이제 다시 원자 모형 이야기로 돌아가야 되겠지요?

다음 수업에서는 나의 원자 모형이 양자 역학적 원자 모형으로 바뀌게 된 사연과 새로 등장한 양자 역학적 원자 모형이 나의 원자 모형과 어떻게 다른지 설명할 예정이에요.

귀찮더라도 오늘 배운 것을 복습하세요. 노벨상을 받은 내 친구들은 모두 그날 배운 것은 그날 복습을 했다고 해요. 시간이 지난 후에 몇 시간 공부하는 것보다 수업을 듣고 난 후에 10분 동안 정리하고 복습하는 것이 훨씬 효과적이에요. 아인슈타인도 이 말에는 아무 반대를 하지 않았다니까요.

과학자의 비밀노트

물질의 이중성

물질의 이중성은 1924년 프랑스의 물리학자 드브로이가 제안한 것이다. 파동이라고 생각해 왔던 빛이 광전 효과와 콤프턴 산란 등과 같은 빛의 입자성을 증명해 주는 실험적 사실에 의해 빛이 파동성과 입자성을 모두 지니고 있으므로, 입자라고 생각해 오던 물질도 입자성과 파동성을 모두 지니고 있다는 이론이다. 즉, 운동하고 있는 입자는 간섭, 회절 현상과 같은 파동의 특성과 그에 부합되는 파장을 지녀야 한다는 것이다.

예를 들면, 질량이 m이고 속도가 v인 입자의 운동량은 p=mv이므로, 그 입자의 파장 λ는 다음과 같다. $\lambda = \dfrac{h}{p} = \dfrac{h}{mv}$ (플랑크 상수, h=6.62606896 $\times 10^{-34}$ J · s)

은 알갱이일까요?
니면 파동일까요?

1860년대에 빛은 전자기파, 즉 파동이라는 결론이 내려진 것으로 아는데요.

광전 효과 실험에서 빛과 전자가 마치 당구공이 충돌하듯이 서로 충돌한다는 사실을 알아냈어요. 다시 말해 빛도 아주 작은 알갱이라는 것이죠.

아인슈타인

이 파동이라는 여러 가 증거들이 있는데 알갱 라는 증거도 발견되었 요.

그러면 아인슈타인의 주장대로 빛이 알갱이라는 사실도 받아들일 수밖에 없군요.

알갱이이면서 파동

많은 사람들이 빛은 알갱이일까 아니면 파동일까를 또다시 고민하겠는데요?

고민할 필요가 없답니다. 빛은 알갱이면서 파동이니까요. 그리고 빛만 2가지 성질을 가지는 건이 아니라 전자와 같은 알갱이도 파동의 성질을 함께 가지죠.

드브로이

자를 가지고 실험한 결과 자가 파동의 성질을 가진다 것을 확인했어요. 그러니 브로이의 주장이 옳아요.

말도 안 되는 것처럼 보이던 드브로이의 주장이 덩어리로 되어 있는 물리량을 다루는 길을 열어 주었군요.

기타 줄을 퉁겨 나타나는 소리의 종류는 몇 가지로 한정돼요. 파동의 세계에서는 이렇게 띄엄띄엄한 값들이 자주 등장하지요. 전자나 양성자도 파동으로 다루면 이 알갱이들이 가지는 띄엄띄엄한 물리량을 다룰 수 있어요.

양자 역학적 원자 모형

보어의 원자 모형보다 더 진보한 원자 모형이 만들어졌어요.
이 양자 역학적 원자 모형과 보어의 원자 모형은 어떻게 다를까요?
원자 호텔에 전자들의 방을 배정하는 방법으로 알아봅시다.

마지막 수업

양자 역학적 원자 모형

보어가 원자 모형에 대한
마지막 수업을 시작했다.

새로운 원자 모형

내가 원자 모형을 만들어 놓고 얼마나 좋아했는지에 대해서는 이미 이야기했었지요? 나의 원자 모형은 수소 원자가 내는 빛의 종류를 상당한 정도로 잘 예측했었어요. 그것만 해도 대단한 일이 아닐 수 없었지요. 눈에 보이지도 않는 작은 원자 안에서 일어나는 일을 간단한 계산을 통해 예측했으니까요.

하지만 실험을 통해 수소가 내는 빛을 관측해 보면 나의 원자 모형으로는 설명할 수 없는 사실이 발견되었어요. 그중의 하나는 빛의 세기가 같지 않다는 것이에요. 어떤 빛은 강하게 나타나고 어떤 빛은 약하게 나타나는데 나의 원자 모형은 그것을 설명할 수가 없었어요.

그리고 또 하나 설명할 수 없었던 것은 보통의 경우에는 하나의 선으로 보이던 빛이 전기장이나 자기장 속에서 실험하면 여러 개의 선으로 갈라진다는 것이었지요. 내가 만든 수소 원자 모형에 의하면 2층에 있던 전자가 1층으로 내려올 때 나오는 빛은 단 한 가지 종류의 빛만 나야 하거든요. 그런데 주위에 강한 자석을 놓고 실험하면 하나의 빛처럼 보이던 것이 여러 개의 선으로 갈라져 보이더라는 것이지요. 나의 원자 모형으로는 이것을 설명할 수가 없었지요.

하긴 나의 원자 모형은 전자기학의 이론과 물리량이 띄엄띄엄한 값으로만 존재해야 한다는 플랑크의 가설을 이용하여 만든 것인데 이제 양자 물리학이라는 새로운 물리학이 등장했으니까 양자 물리학을 이용하여 새로운 원자 모형을 만들어 내는 것은 당연한 순서였을 거예요.

이 일은 누구 한 사람의 힘으로 된 것이 아니라 괴팅겐 대학을 중심으로 활동했던 과학자들과 코펜하겐에 있던 나의 연구소에서 일하던 과학자들, 그리고 오스트리아와 미국에서 활동하던 과학자들이 같이 토론하고 수정하면서 만들었어요. 그래서 누구 한 사람의 이름이 붙지 않고 그냥 양자 역학적 원자 모형이라고 하지요.

양자 역학적 원자 모형을 구하기 위해서는 양자 물리학의 기본 방정식인 슈뢰딩거 방정식에 수소 원자의 여러 가지 조건을 대입하여 풀어야 해요. 그러니까 양자 역학적 원자 모형은 대단히 수학적 모형이에요. 내가 만들었던 원자 모형이 비교적 간단한 수학을 사용하였던 것과는 달리 양자 역학적 원자 모형을 만들어 내기 위해서는 상당히 복잡한 수학을 풀어야 해요. 양자 역학적 원자 모형이 나온 지 벌써 80년이 되었는데도 아직까지 나의 원자 모형이 교과서에 실려 있는 것은 나의 원자 모형이 간단하기 때문이에요.

슈뢰딩거 방정식을 풀어서 수소 원자 속의 전자들이 어떤 에너지를 가질 수 있는지를 조사해서 원자 호텔을 만들어 보면 겉모습은 내가 만들었던 원자 호텔과 아주 비슷해요. 아래층에서부터 위층으로 갈수록 층의 높이가 낮아지는 것도 똑같고 각 층의 높이 차이도 같아요.

그래서 내가 만든 원자 호텔의 구조를 이해했다면 양자 물리학을 이용해 지은 새로운 원자 호텔의 모습도 모두 이해한 것 같은 착각이 들 정도예요. 그러나 이 호텔 내부로 들어가

보면 나의 원자 호텔보다는 훨씬 복잡한 구조를 가지고 있다
는 것을 알 수 있어요.

원자 호텔의 방 번호 체계

내가 지었던 원자 호텔의 각 층에는 방이 하나밖에 없었어
요. 그리고 각 층에는 몇 개의 전자들이 들어가든지 아무런
제한이 없었어요. 하긴 수소 원자에는 하나의 전자밖에 없으
니까 그런 제한을 둘 필요도 없었지만요. 그러나 새로운 원

자 호텔에는 각 층마다 방이 여러 개 있어요. 그런데 방의 수는 각 층마다 다르지요.

1층의 높이는 다른 층의 높이를 다 합한 것보다 높은 층이라고 했었던 것을 기억하고 있나요? 그런데 1층에는 방이 하나밖에 없어요. 2층에는 4개의 방이 있지요. 그런데 4개의 방은 일렬로 배열되어 있는 것이 아니라 하나는 1번 복도에 배열되어 있고 다른 3개는 2번 복도에 나란히 배열되어 있어요. 그러니까 2층은 2개의 복도를 가지고 있는 것이지요.

3층은 더욱 복잡한 구조를 가지고 있어요. 3층에는 복도가 3개 있어요. 1번 복도에는 방이 하나, 2번 복도에는 방이 3개, 그리고 3번 복도에는 방이 5개가 배열되어 있어요. 그렇

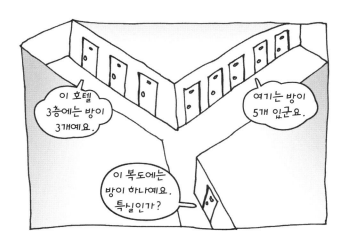

다면 4층은 어떻게 구성되어 있을까요? 복도는 몇 개일까요? 4개의 복도일 거라고요? 맞았어요. 4층에는 4개의 복도가 있어요. 층수가 바로 복도의 수거든요. 여기에서도 1번 복도에는 방이 하나, 2번 복도에는 방이 3개, 3번 복도에는 방이 5개, 그리고 4번 복도에는 방이 7개 있어요. 각 복도에 있는 방의 수는 홀수로 늘어나거든요.

 그런데 각 방에는 침대가 2개씩 있어요. 침대는 서로 반대 방향으로 놓여 있지요. 이 원자 호텔에 투숙하는 전자는 한 가지 규칙을 지켜야 해요. 하나의 침대에는 단 하나의 전자만 들어가야 한다는 규칙이지요. 이 규칙은 파울리(Wolfgang Pauli, 1900~1958)라는 과학자가 정했기 때문에 '파울리의 배타 원리'라고 해요. 전자나 양성자, 중성자와 같은 입자들은

같은 양자 역학적 상태에 있어서는 안 된다는 원리지요. 그리고 또 하나, 전자들은 온도가 낮은 상태에서는 가능한 한 아래층에, 그리고 같은 층에서는 번호가 낮은 복도에 머물려고 하는 성질이 있다는 것을 기억해 두어야 할 거예요.

자, 이제 전자 손님을 받아 볼까요? 수소 원자는 하나의 전자만 손님으로 받을 수 있어요. 그렇다면 전자는 당연히 가장 아래층에 있는 방에 투숙하여 2개의 침대 중 하나를 차지하겠군요. 온도가 낮다면 전자는 당연히 그렇게 할 거예요. 하지만 전자에 빛을 쪼이거나 온도를 올려 주면 전자는 위층에 있는 방으로 올라갈 수가 있어요. 물론 위층으로 올라갔던 전자는 다시 내려올 수도 있어요. 올라가거나 내려올 때는 빛을 흡수하거나 방출해야 되겠지요.

다음에는 전자가 2개인 헬륨 호텔에 전자들을 투숙시켜 볼까요? 1층에 방이 하나 있고 방에는 침대가 2개 있으니까 처음 도착한 전자와 다음에 도착한 전자는 당연히 1층에 있는 이 방에 머물려고 하겠지요. 물론 이 전자들도 에너지를 받아서 위로 올라가기도 하고 에너지를 내보내고 다시 아래로 내려오기도 할 거예요. 그렇지만 에너지를 받아서 위로 올라간다 해도 위에서는 오래 머물지 않고 즉시 다시 아래로 내려올 거예요.

그렇다면 이번에는 전자가 6개인 탄소 원자 호텔에 전자 손님을 받아 볼까요? 처음에 온 2개의 전자는 1층에 있는 방에 머물도록 하면 될 거예요. 다음에 오는 두 전자는 2층의 1번 복도에 있는 방에 머물려고 할 거예요. 그러나 마지막에 온 두 전자는 2층의 2번 복도에 있는 방에 머물 수밖에 없겠군요. 2번 복도의 어느 방에 들어가든지 그것은 마음대로 하게 두기로 하지요. 그런데 이 두 전자는 한방에 같이 들어가기보다는 빈방에 하나씩 들어가는 것을 더 좋아한대요. 이제 전자 손님에게 방을 다 배정했군요.

어때요, 전자에게 방을 배정하는 것이 생각보다 복잡하지요? 그렇다면 번호를 붙이면 어떨까요? 전자가 도착할 때마다 층 번호, 복도 번호, 방 번호, 그리고 침대 번호까지 정해 놓으면 방을 배정하는 일이 쉽지 않을까요? 층 번호는 그냥 아래층에서부터 1번, 2번, 3번 이렇게 차례로 사용하기로 했어요.

그런데 복도 번호는 조금 바꾸어 보기로 하지요. 1번 복도는 0번을 주고, 2번 복도에는 1번을 배정하는 거예요. 3번 복도에는 당연히 2번을 배정해야 하겠군요. 어떤 사람들은 복도를 나타내는데 번호 대신 기호를 사용하기도 해요. 0번 복도는 s로 나타내고, 1번 복도는 p로, 2번 복도는 d로 나타내는 것이지요.

방 번호는 더 복잡한 방법으로 붙였어요. 0번으로 나타내는 복도 즉 s복도에는 하나의 방밖에 없으므로 모두 0번을 붙이기로 했어요. 1번으로 나타내는 복도, 즉 p복도에는 방이 3개라고 했지요? 이 방들에는 -1, 0, 1이라는 번호를 차례로 붙였어요. 3층에서도 p복도까지는 같은 방법으로 방 번호를 붙였어요. 그러나 방이 5개인 2번으로 나타내지는 d복도의 방들에는 -2, -1, 0, 1, 2라는 번호를 붙이기로 했지요. 각 방에 있는 침대에는 up과 down이라는 기호를 사용하기로 했어요. 때로는 ↑과 ↓이라는 기호로 나타내기도 해요.

층 (주양자수)	복도 번호 (부양자수)	방 번호 (자기양자수)	배정 가능한 번호표
1	0	0	100↑, 100↓
2	0	0	200↑, 200↓
2	1	-1	21$-$1↑, 21$-$1↓
2	1	0	210↑, 210↓
2	1	1	211↑, 211↓
3	0	0	300↑, 300↓
3	1	-1	31$-$1↑, 31$-$1↓
3	1	0	310↑, 310↓
⋮	⋮	⋮	⋮

그렇다면 이제 전자가 17개 들어갈 수 있는 염소 원자 호텔에 전자들을 배치해 볼까요? 전자들은 도착하는 순서대로 아래층에서부터 방과 침대를 배정하고 번호표를 나누어 주었어요. 그렇다면 320↑라는 번호표를 받은 전자는 어디로 안내해야 될까요? 3층에 있는 d복도의 가운데 방의 ↑부호가 붙은 침대로 안내하면 되겠군요.

조금 복잡하기는 하지만 이제 새로운 원자 호텔의 구조가 어느 정도 감이 잡히나요? 전자가 머물 침대, 즉 전자의 상태를 나타내는 이런 번호를 양자수라고 불러요. 그러니까 양자수는 4가지 종류가 있는 셈이지요.

층을 나타내는 양자수를 주양자수라고 부르는데 전자가 가지는 에너지의 크기를 나타내지요. 그러니까 층수가 에너지의 크기를 나타내던 나의 원자 모형에는 주양자수만 있었던 셈이에요. 다음에 복도를 나타내는 부양자수는 회전 운동량의 크기를 나타내는 양자수예요. 다음으로 방 번호를 나타내는 자기양자수는 회전 운동량의 방향을 나타내고 침대를 나타내는 기호는 전자가 자전하는 방향을 나타내는 기호예요. 전자도 자전을 하고 있거든요.

양자수가 일련번호로 나타내지지 않고 여러 가지 복잡한 숫자와 기호로 나타내지는 것은, 전자가 가지는 여러 가지 물리량들을 이 번호를 이용하여 계산할 수 있도록 하기 위해서예요. 일단 4가지 양자수가 정해지면 이 전자들은 자신들이 가져야 할 에너지나 회전 운동량 같은 물리량들을 가지게돼요. 물론 이런 다른 전자 또는 빛들과 상호 작용을 해서 이런 양들을 주고받고 다른 상태로 갈 수는 있는데, 그것도 빈자리가 있을 때만 가능하지요.

그런데 어떤 층의 어떤 방에 배정된 전자가 다른 층의 다른 방으로 갈 확률이 같은 것은 아니에요. 어떤 층의 어떤 방에서 다른 층의 어떤 방으로 갈 확률은 크고, 다른 방으로 갈 확률은 작아요. 그래서 층이나 방을 옮겨 갈 때 나오는 빛의 세기가 달랐던 거예요.

양자 물리학을 이용하면 각 층의 어떤 방에서 다른 층의 어떤 방으로 옮겨 갈 확률을 계산할 수 있는데, 그 결과는 실험 결과와 아주 잘 일치해요. 그러니까 왜 어떤 빛은 강하게 나오고 어떤 빛은 약하게 나오는지를 확률을 통해 완전히 설명할 수 있었지요. 양자 물리학의 특징 중의 하나가 확률적으로 분석하는 것이라는 이야기를 앞에서 했었지요? 아인슈타인 같은 사람은 그런 해석을 좋아하지 않았다는 이야기도 했었어요. 그러나 그러한 확률 계산은 이렇게 실험 결과를 성공적으로 설명해 냈어요.

그리고 양자 역학적 원자 모형을 이용하면 나의 원자 모형이 설명할 수 없었던 또 하나의 문제도 간단하게 설명해 낼 수 있었어요. 보통 때는 2층에서 아래층으로 떨어질 때 나오는 빛이 한 가닥으로 보이는데 전기장이나 자기장 속에서는 여러 개의 선으로 나누어지는 현상 말이에요. 보통 때는 2층에 있는 여러 개의 방에 있는 전자들이 같은 에너지를 가지고 있어요. 하지만 전기장이나 자기장 속에서는 같은 층에 있더라도 복도에 따라 그리고 방에 따라 전자들의 에너지가 조금씩 달라져요. 전자들도 자석의 성질을 가지고 있거든요. 이 자석의 성질은 방에 따라 다르게 나타나요. 그리고 이 자석의 성질이 외부 자기장과 작용하여 전자들이 다른 에너지를 가지도록 한 거예요.

따라서 전기장이나 자기장 안에서는 전자들의 에너지 상태가 복잡하게 되지요. 아래층에서 위층으로 그리고 위층에서 아래층으로 올라가거나 내려올 때 내거나 받아들이는 에너지도 복잡하게 될 수밖에 없지요. 양자 물리학을 이용하여 계산하면 각 층의 각 방에 있는 전자들이 전기장이나 자기장 속에서 어떤 에너지를 가질 수 있는지 알아낼 수 있고 그 결과는 실험을 통해 확인할 수 있어요. 놀랍게도 양자 역학적 원자 모형은 이런 작은 차이까지 아주 잘 설명해 냈어요. 이

만하면 성공적인 원자 모형이라고 할 수 있지 않겠어요?

양성자와 중성자보다 작은 쿼크

그런데 이 원자 호텔에 묵고 있는 전자들은 아주 이상한 성질이 있어요. 모든 전자들이 자신에게 배정된 물리량은 잘 지켜요. 하지만 그것은 그 전자가 배정된 방에 머물러 있다는 것을 뜻하는 것은 아니에요. 실제로 방 같은 것은 없어요. 층이나 방은 전자가 가지는 물리량을 나타내기 위한 가상적인 것이었어요. 일단 방을 배정받은 전자는 자기에게 배정된 물리량을 가지고 호텔 주위를 돌게 돼요. 그러니까 전자들이 실제로 어디 있는지는 아무도 알 수 없어요.

그런데 배정된 방에 따라 전자가 있을 수 있는 위치에 대한 확률은 계산할 수 있어요. 컴퓨터를 이용하여 100↑ 전자가 있을 만한 곳을 찾아보면 컴퓨터는 이 전자가 있을 만한 곳을 구름과 같은 그림을 통해 보여 주어요. 구름이 진하게 나타난 곳은 전자가 발견될 확률이 큰 곳이에요. 따라서 그런 곳의 길목을 지키면 전자와 마주칠 가능성이 크겠군요.

과학자들은 컴퓨터들을 이용하여 각 방에 해당하는 전자들이 발견될 확률을 나타내는 구름을 만들어 놓았어요. 따라서 이 구름을 잘 살펴보면 전자들이 어디에 있을지를 짐작할 수 있어요. 수소 원자에는 전자가 하나밖에 없어요. 따라서 내가 만든 원자 모형에서는 전자가 원자핵에서 얼마나 떨어진 곳에서 어떤 속도로 돌고 있는지를 정확하게 결정할 수 있었어요. 양자 역학적 원자 모형에서도 전자들이 어떤 물리량을 가질 수 있는지는 정확히 계산할 수 있어요. 하지만 전자의 정확한 위치는 알 수 없어요. 따라서 수소 원자에서도 전자의 위치는 확률을 나타내는 구름을 이용해서 나타낼 수밖에 없어요.

구름을 이용해서 나타내니까 많은 전자들이 흩어져 있는 것이 아닌가 생각하는 사람도 있지만 그것은 아니에요. 원자핵을 둘러싸고 있는 확률의 구름은 전자 하나가 만들어 내는 구름이에요. 양자 역학적 원자 모형을 나타내는 그림에는 두 가지가 있어요. 하나는 층층 구조로 되어 있는 원자 호텔과 비슷한 그림이고, 또 다른 하나는 여러 가지 형태의 검은 구름을 이용하여 나타낸 그림이에요. 하나는 전자가 가질 수 있는 물리량들을 나타내는 그림이고, 다른 하나는 전자의 위치를 나타내는 그림이에요.

이러한 양자 역학적 원자 모형은 원자의 성질을 이해하여

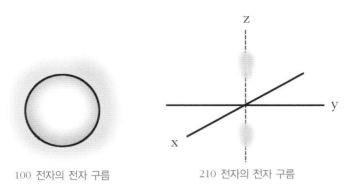

100 전자의 전자 구름 | 210 전자의 전자 구름

전자가 발견될 확률을 나타내는 확률 구름

원자에게서 일어나는 일들을 실생활에 응용할 수 있는 길을 열어 놓았어요. 그중의 하나가 레이저예요. 레이저는 원자 속의 전자들을 이용하여 특정한 빛을 아주 강하게 증폭시켜 강한 빛이 나오도록 만든 거예요. 이렇게 만들어진 레이저는 여러 가지 좋은 성질을 가지고 있어서 아주 널리 사용되고 있어요. 사실 반도체를 이용하여 컴퓨터와 같은 편리한 기계를 만들 수 있게 된 것도 양자 역학적 원자 모형을 통해 원자 내부에서 일어나는 일을 이해할 수 있었기 때문이에요.

이제 원자 모형 이야기를 마무리할 때가 되었군요. 눈에 보이지 않는 원자보다 작은 세계가 어떻게 구성되어 있는지 그리고 이 세계에는 어떤 물리 법칙이 적용되고 있는지를 알아내려는 인류의 노력은 지난 100년 동안 대단한 성공을 거두었어요. 이제 우리는 원자의 구조에 대해 많은 것을 알아냈다고 큰소리칠 수 있게 되었어요.

그러나 아직 끝난 것은 아니에요. 원자보다 작은 세계 아래에는 더 작은 세계가 있어요. 원자를 이루고 있는 양성자나 중성자는 쿼크라는 더 작은 알갱이로 나누어진다는 것이 이미 발견되었어요. 그러나 쿼크도 끝이 아닐지 몰라요. 여러분들이 본격적으로 과학을 연구하게 될 미래에는 쿼크보다도 더 작은 세계를 연구하고 있을지도 모르지요. 물질의 근원을 알아내려는 인간의 노력은 앞으로도 계속될 것이기 때문이에요.

우리가 지금까지 자연에 대해 많은 것을 알아내기는 했지만 자연은 여전히 많은 비밀을 숨기고 있어요. 자연은 그 비밀을 알아내기 위해 도전하는 사람들에게만 자신의 비밀을 조금씩 드러내지요. 여러분도 자연의 비밀을 밝혀내려는 위대한 작업에 동참하기를 바라면서 원자 모형에 대한 수업을 마치겠어요. 수업을 열심히 들어 주어서 고마웠습니다.

만화로 본문 읽기

이제 원자 모형 이야기도 끝내야겠네요. 제가 마지막으로 설명할 원자 모형은 양자 역학적 원자 모형이에요.

그런가요? 아쉽군요. 그런 양자… 뭐라고 했소?

양자 역학이요. 양자 역학은 전자나 양성자가 갖는 입자적인 특성과 파동적인 특성을 수학적으로 다루는 방법이죠. 이 양자 역학을 이용한 원자 모형의 이해는 원자에서 일어나는 일들을 실생활에 응용할 수 있는 길을 열어 놓았어요.

오, 실생활에 말이오?

네, 그중의 하나가 레이저예요. 레이저는 원자 속의 전자들을 이용하여 특정한 빛을 아주 강하게 증폭시켜 강한 빛이 나도록 만든 거예요. 이렇게 만들어진 레이저는 현재 널리 사용되고 있어요.

치직…

이처럼 눈에 보이지 않는 원자보다 작은 세계가 어떻게 구성되어 있고, 어떤 물리 법칙이 적용되고 있는지를 알아내려는 인류의 노력은 지난 100년 동안 대단한 성공을 거두었어요. 또 많은 것을 알아내기도 했죠.

그렇죠.

그러나 아직 끝난 것은 아니에요. 원자보다 더 작은 세계가 있어요. 원자를 이루고 있는 양성자나 중성자는 쿼크라는 더 작은 알갱이로 나누어진다는 것이 이미 발견되었으니까요. 그러나 쿼크도 끝이 아닐지 몰라요. 어쩌면 더 작은 세계가 존재하고 있을지도 모르죠.

맞는 말이오. 나 역시도 그렇고 선생도 그렇고 아마 인간의 끝없는 도전은 계속될 겁니다.

그래요. 자연은 여전히 많은 비밀을 숨기고 있어요. 그리고 자연은 그 비밀을 알아내기 위해 도전하는 사람들에게만 자신의 비밀을 조금씩 드러내 보여 주겠죠.

원자 구조 이해에 기여한
보어 Niels Henrik David Bohr, 1855~1962

덴마크의 코펜하겐에서 태어난 보어는 에너지의 양자론을 원자 모형에 도입하여 원자 구조를 밝히는 데 큰 공헌을 한 사람입니다.

보어는 1903년 코펜하겐 대학에 입학하여 물리학을 공부했으며, 1911년에는 〈금속의 전자론〉이라는 제목의 논문을 제출하여 박사 학위를 받았습니다. 그 후 영국으로 건너가 케임브리지 대학의 캐번디시 연구소에서 톰슨 밑에서 연구를 하기도 했고, 맨체스터 대학으로 가 러더퍼드 밑에서 연구를 하기도 했습니다. 귀국한 후에는 코펜하겐 대학 교수가 되어 원자 모형을 연구했습니다.

보어는 에너지는 연속적인 양이 아니라 불연속적인 양으로

만 존재한다는 플랑크의 양자 가설을 적용한 새로운 원자모형을 제시하여 수소에서 나오는 여러 가지 계열의 빛이 발생하는 원리를 성공적으로 설명했습니다. 수소 원자에서는 여러 가지 빛이 나온다는 사실이 알려져 있었지만, 왜 그런 빛이 나오는지는 그때까지 설명하지 못하고 있었습니다. 수소가 내는 빛을 성공적으로 설명한 보어의 원자 모형은 매우 성공적이어서 양자 물리학 발전의 기초가 되었습니다.

원자 구조에 대한 연구로 1922년에 노벨 물리학상을 받은 보어는 코펜하겐에 이론 물리학 연구소를 설립했는데, 후에 이 연구소는 보어 연구소라고 불리게 되었습니다. 보어 연구소는 양자 물리학을 연구하는 사람들의 메카가 되었습니다.

보어는 제2차 세계 대전 중 영국과 미국에 건너가 맨해튼 계획에도 참가했고, 전쟁이 끝난 후에는 코펜하겐으로 돌아갔습니다. 그 후 원자력의 평화적 이용과 핵무기의 연구를 공개하도록 주장하는 공개장을 UN에 보내는 등 정치적 활동을 하기도 했습니다.

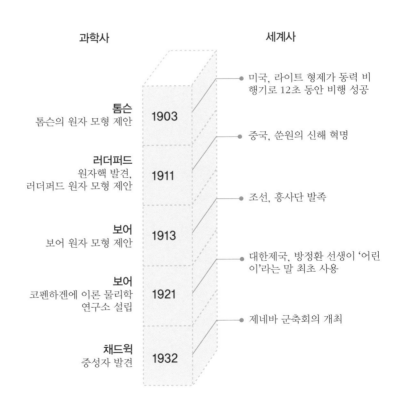

과 학 연 대 표
언제, 무슨 일이?

과학사

세계사

톰슨
톰슨의 원자 모형 제안

1903

미국, 라이트 형제가 동력 비행기로 12초 동안 비행 성공

중국, 쑨원의 신해 혁명

러더퍼드
원자핵 발견,
러더퍼드 원자 모형 제안

1911

조선, 흥사단 발족

보어
보어 원자 모형 제안

1913

대한제국, 방정환 선생이 '어린이'라는 말 최초 사용

보어
코펜하겐에 이론 물리학
연구소 설립

1921

제네바 군축회의 개최

채드윅
중성자 발견

1932

체크, 핵심 내용
이 책의 핵심은?

1. 톰슨의 제자였던 □□□□ 는 얇은 금박에 알파 입자를 충돌시켜 알파 입자가 튕겨져 나가는 것을 조사하여 플러스 전하를 띤 양성자로 이루어진 원자핵 주위를 가벼운 원자가 돌고 있는 새로운 원자 모형을 제안했습니다.

2. 보어는 양자 이론을 원자에 적용하여 전자가 일정한 에너지 궤도 위에서만 원자핵을 돌 수 있는 새로운 □□ 원자 모형을 제안했습니다.

3. 보어의 원자 모형은 수소 원자가 내는 □□□□ 을 성공적으로 설명할 수 있었습니다.

4. 수소 원자핵 주위를 돌고 있는 전자는 낮은 에너지 궤도에서 높은 에너지 궤도로 올라가기 위해서는 □ 을 흡수해야 하고, 높은 에너지 궤도에서 낮은 에너지 궤도로 떨어질 때는 □ 을 냅니다.

5. 원자를 이루고 있는 양성자나 중성자는 □□ 라는 더 작은 알갱이를 나누어집니다.

1. 러더퍼드 2. 수소 3. 스펙트럼 4. 빛, 빛 5. 쿼크

물질은 무엇으로 이루어졌을까?

1808년에 영국의 돌턴은 《화학의 신체계》라는 책을 통해 원자론을 발표했습니다. 돌턴은 이 책에서 모든 물질은 더 이상 쪼갤 수 없는 원자라는 알갱이로 구성되어 있다고 주장했습니다.

그러나 원자도 쪼개질 수 있다는 것이 나중에 밝혀졌습니다. 20세기 들어 과학자들은 원자가 양성자, 중성자 그리고 전자로 이루어졌다는 것을 밝혀냈습니다. 그렇다면 양성자, 중성자, 전자는 물질을 이루고 있는 가장 작은 알갱이라고 할 수 있을까요?

1930년 이후 과학자들은 양성자, 중성자, 전자 이외에도 많은 입자들을 찾아냈습니다. 전자와 모든 것이 똑같지만 전하의 부호만 다른 양전자도 찾아냈고, 모든 물질을 거침없이 뚫고 지나갈 수 있는 중성미자라는 이상한 입자도 찾아냈습니다. 낮에 태양으로부터 날아온 중성미자는 우리 머리로 들어와 발로 나가서는 지구를 통과해 그대로 우주로 날아가 버립니다.

중성미자처럼 이상한 성질을 가지는 입자가 아주 많다는 것을 알게 된 과학자들은 이런 입자들 중에서 물질을 이루는 가장 근본적인 입자를 찾아내려는 노력을 계속하여 6개의 경입자와 6개의 쿼크를 찾아내는 데 성공했습니다. 6개의 경입자는 전자, 뮤온, 타우 입자와 이들의 중성미자로 이루어져 있습니다. 이들 경입자는 더 이상 쪼개지지 않는 가장 작은 입자들입니다. 양성자나 중성자와 같은 입자들은 쿼크라는 더 작은 입자들로 이루어져 있습니다.

지금까지 발견된 6가지 쿼크를 이용하면 모든 입자의 구성을 설명할 수 있습니다. 물질의 근원을 찾으려는 인간의 노력은 이제 양성자나 중성자보다도 더 작은 쿼크를 찾아내기에 이르렀습니다.

그렇다면 경입자나 쿼크는 정말 더 이상 쪼개지지 않는 가장 작은 알갱이일까요? 이들도 언젠가는 더 작은 알갱이로 쪼개진다는 것이 밝혀지는 것은 아닐까요? 아직 우리는 물질의 근원에 대해 연구해야 할 것이 많이 남아 있습니다.

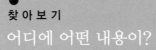